"十二五"职业教育国家规划教材
经全国职业教育教材审定委员会审定

U0186148

电工电子技术实训项目教程

第2版

主　编　杨　屏

副主编　李　刚　李　翀

参　编　张　红　狄春阳　季振荣

机械工业出版社
CHINA MACHINE PRESS

本书是"十二五"职业教育国家规划教材,是根据《教育部关于"十二五"职业教育教材建设的若干意见》及教育部新颁布的《高等职业学校专业教学标准(试行)》,同时参考相关职业资格标准,在第1版的基础上修订而成的。

本书遵循"工学结合"的原则,分为十三个项目,按照基本的电工基础、模拟电子技术、数字电路的教学进程设置。项目包括:学习基本仪表的使用,如万用表、示波器和信号源;验证性实训,如验证基尔霍夫定律;测量性实训,如电阻伏安特性、放大电路特性等。本书包含学生实训项目中的数据记录和事后数据处理部分,每个项目后设置有思考和练习,学生可以直接在书上完成,无须再撰写实验报告。本书具有较强的通用性和选择性,所涉及的实验仪表和电路元器件都是常用器件。

为便于教学,本书配套有电子课件等教学资源,选择本书作为教材的教师可来电(010-88379193)索取,或登录 www.cmpedu.com 网站,注册、免费下载。

本书可作为高等职业院校机电类专业电工电子技术实训教材,也可作为电类岗位培训教材。

图书在版编目(CIP)数据

电工电子技术实训项目教程/杨屏主编. —2版. —北京:机械工业出版社,2015.1(2024.8重印)

"十二五"职业教育国家规划教材

ISBN 978-7-111-48440-0

Ⅰ.①电… Ⅱ.①杨… Ⅲ.①电工技术-高等职业教育-教材②电子技术-高等职业教育-教材 Ⅳ.①TM②TN

中国版本图书馆 CIP 数据核字(2014)第 255228 号

机械工业出版社(北京市百万庄大街 22 号 邮政编码 100037)
策划编辑:范政文 责任编辑:范政文 张利萍
责任校对:樊钟英 封面设计:张 静 责任印制:单爱军
保定市中画美凯印刷有限公司印刷
2024 年 8 月第 2 版第 7 次印刷
184mm×260mm・9.25 印张・220 千字
标准书号:ISBN 978-7-111-48440-0
定价:27.00 元

凡购本书,如有缺页、倒页、脱页,由本社发行部调换

电话服务 网络服务
服务咨询热线:010-88379833 机 工 官 网:www.cmpbook.com
读者购书热线:010-88379649 机 工 官 博:weibo.com/cmp1952
教育服务网:www.cmpedu.com
封底无防伪标均为盗版 金 书 网:www.golden-book.com

第2版前言

本书是按照教育部《关于开展"十二五"职业教育国家规划教材选题立项工作的通知》，经过出版社初评、申报，由教育部专家组评审确定的"十二五"职业教育国家规划教材，是根据《教育部关于"十二五"职业教育教材建设的若干意见》及教育部新颁布的《高等职业学校专业教学标准（试行）》，同时参考相关职业资格标准，在第1版的基础上修订而成的。

本书主要介绍电工电子技术的典型实验，通过实验数据分析与理论学习相互印证，加深学生对于知识的理解。本书编写过程中力求体现实用原则，在多方征求学生和老师使用本教材第1版意见的前提下，对内容进行了相应调整。本书特色鲜明，书中包含学生实训项目中的数据记录和事后数据处理部分，每个项目后设置有思考和练习，学生可以直接在书上完成，无须再撰写实验报告。每个项目后设置拓展环节，或介绍最新的测试仪表，或介绍电学大师，对于学生人文素质的提高有一定的帮助。

本书在改版内容处理上主要有以下几点说明：

1. 保留第1版的整体框架，删除"测量三相交流电路"项目，新增"测试组合元件交流电路"项目。

2. 技能点按照企业专家建议进行了相应的调整，各校可根据专业情况进行取舍。

3. 一些项目中为能力较高的学生设计了"提升"环节，可以实现分层次教学。

4. 原则上每个项目安排2~6个学时，教师可以根据实际情况掌握实验进程。

全书共十三个项目，由杨屏主编。具体编写人员及分工如下：北京电子科技职业学院杨屏负责全书的计划安排，北京电子科技职业学院李刚作为副主编负责改版的统稿工作，并编写新增项目七；北京电子科技职业学院张红、北京电子科技职业学院狄春阳以及天津滨海新区塘沽河头中学季振荣负责各项目的改版工作；国际商业机器中国有限公司的李翀经理作为特聘的企业专家，在教材改版过程中担任副主编，他从电子行业人才的需求角度，提出了许多提高学生技能的要求，并和编写团队一起参与改版工作。本书经全国职业教育教材审定委员会审定，教育部专家在评审过程中对本书提出了宝贵的建议，在此对他们表示衷心的感谢！

由于编者水平有限，书中不妥之处在所难免，恳请读者批评指正。

编　者

第1版前言

本书是遵循"工学结合"的原则，结合职业教育的培养目标，坚持"以全面素质为基础，以能力为本位"的宗旨，针对电工电子实践教学和基本技能训练要求而编写的教材。

本书是在总结了职业教育一线教师多年来电工电子教学改革实践经验和实验教学成果的基础上编写的，包括十个基本实验项目和三个常用仪器仪表的使用技巧项目。本书在编写中特别注重培养学生规范化操作习惯，力求打造学生扎实的实验操作基本功和良好的安全意识。

本书的特点主要有以下几个方面：

1）突出基础地位。本书适用于工科类专业。在项目设置上又服务于电工基础、模拟电子技术和数字电子技术（即所谓"三电"）的专业基础课程。

2）注重层次教学。实验从原来的单纯性验证性实验向综合性、研究性实验转化，突出了对于实验数据的事后处理要求，避免了以往实验中学生通过简单的测量读数就可以完成实验的做法，让学生在实验中充分体会到整体实验的内涵和测试的意义。实验强调电路中各种参数变化对于实验的影响，强调实验误差的产生和处理方法，最大限度地接近工作领域的实际测量。

3）实验步骤清晰。在每个实验项目中，对于相应的实验步骤都有清晰明确的实验图例，方便学生对照检查。实验过程中可以根据要求逐步完成实验内容和相应实验报告，适合学生边做边学。

4）拓展专业知识。每个项目之后都配有相应的知识拓展内容，如无线万用表的使用、数字示波器的发展、认识频谱仪等对于常规实验仪表的拓展项目；认识安培、伏特、欧姆、法拉第、基尔霍夫、赫兹等科学家的知识拓展项目；了解莱顿瓶、远程输电、摩尔定律、焊接方法等应用拓展项目。力图在学生的课本知识以外，提供更广阔的空间，来完成好电工电子实验学习。

本书分为十三个项目，按照基本的电工基础、模拟电子技术、数字电路的教学进程设置实验项目，实验中有基本实验原理的知识回顾，对于数字万用表、信号源和数字示波器的使用有非常清晰实用的操作方法介绍和测量技巧的讲解。本书所涉及的实验仪表和电路元器件都是常用元器件，便于各院校各专业选择使用。

本书由北京电子科技职业学院杨屏、李刚、张红和天津滨海新区塘沽河头中学季振荣共同编写，项目内容大都来自长期的教学实践积累。由于编者水平有限，书中难免存在不足和错误，恳请读者批评指正。

编　者

目　录

项目一 学习使用万用表

团队名称：_____ 团队成员：_____ 执行时间：_____

 **目标**

掌握万用表测量电阻、电流、电压的基本方法

掌握数字万用表的基本操作技能

了解实验室的安全规定和各项管理规定

1. 基本知识点：欧姆定律

             万用表测量原理

2. 基本技能点：能够利用数字万用表测量电流和电压

             能够利用数字万用表测量电阻

             能够利用数字万用表检测线路的通断

             能够正确选择量程测量

实施

一、前期材料准备

本项目所使用的设备主要有：可变直流电源（0～15V）一台，负载电阻若干（1kΩ、5.1kΩ、100kΩ 和 195kΩ），数字万用表一块，连接导线若干。在项目实施前后，对所使用仪表和设备进行检查，完成表 1-1。

表 1-1　实验仪表设备检查表

名　称	规 格 描 述	使用前状况	使用后状况	备注
可变直流电源				
数字万用表				
电阻				
连接导线				

二、基本理论讲解

万用表（Multimeters）又称多用表，可以用来测量直流电流、直流电压和交流电流、交流电压以及电阻等电路参数，有的万用表还可以用来测量电容、电感以及二极管、晶体管的某些参数。

常见的万用表有指针式和数字式两种。指针式万用表主要由指示部分、测量电路、转换装置三部分组成。图 1-1 为 MF500 型万用表的外观。

　　MF500 型万用表是一种传统的万用表，其生产历史较长，性能稳定，应用非常广泛。许多维修资料中所标注的电阻、电压参考值都标明是用 MF500 型万用表测得的。该万用表的缺点：一是采用两只旋钮交替选择量程和档位，操作不便且容易搞错；二是电压、电流刻度有些档需要折算，读数不够直观；三是没有设置交流电流档和测量晶体管放大倍数的插座。另外，该表外形略显笨重，比较适合于在固定场合使用。

　　MF47 型万用表也是一款经典的指针式万用表，其外观如图 1-2 所示。该表表盘较大，并设有能消除视差的反光镜，读数直观清晰。只用一只旋钮选择各量程，标度尺与量程选择开关指示盘按交流红色、晶体管绿色、其余黑色对应印制成红、绿、黑三色，使量程转换便捷、测量读数鲜明。该万用表的造型也比较美观，表壳呈扁平状，可作为一般中型表使用；其缺点是没有设置交流电流档，应用受到一定的限制。

图 1-1　MF500 型万用表的外观　　　　图 1-2　MF47 型万用表的外观

　　对于指针式万用表而言，最大的劣势在于不能直观显示测量值。数字万用表是把连续的被测模拟电参量自动变成断续的，并以十进制数字编码方式自动显示测量结果的一种电测量仪表。数字万用表具有输入阻抗高、误差小、读数直观的优点，随着大规模集成电路技术的发展和成熟，数字万用表的稳定性越来越好，价格越来越便宜，从而应用场合也越来越普遍。

　　数字万用表的测量基础是直流数字电压表，其他功能都是在此基础上扩展而成的。为了完成各种测量功能，必须增加相应的转换器，将被测量转换成直流电压信号，再经过 A-D 转换变成数字量，最后通过液晶显示器以数字形式显示出来。数字万用表的原理框图如图 1-3 所示。

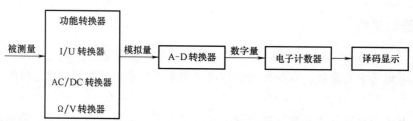

图 1-3　数字万用表的原理框图

在原理框图中,转换器将各种被测量转换成直流电压信号,A-D 转换器将随时间连续变化的模拟量变换成数字量,然后由电子计数器对数字量进行计数,再通过译码显示电路将测量结果显示出来。

数字万用表的显示位数通常为"三位半"到"八位半",位数越多,测量精度越高,但是位数多的,其价格也高。一般实验室用的是三位半或四位半数字万用表,即显示数字的位数分别是四位和五位,但其最高位只能显示数字"0"或"1",称为"半位",其后几位数字可以显示数字 0~9,称为整数位。图 1-4 为 MY61 型数字万用表的外观。

MY61 型数字万用表是一种稳定、高可靠性的手持式三位半数字万用表,整机电路设计以大规模集成电路、双积分 A-D 转换器为核心并配以全功能过载保护,可用来测量直流和交流电压,直流和交流电流,电阻、电容、二极管、晶体管等的参数。

图 1-4　MY61 型数字万用表的外观

MY61 型数字万用表有 32 档量程,具备自动关机功能,显示屏采用 30mm × 60mm LCD 显示。这是一种较为流行的数字万用表,其主要测量技术指标见表 1-2。

表 1-2　主要测量技术指标

测量项目	范围和精度
直流电压	200mV/2/20/200V,±0.5% 1000V,±0.8%
交流电压	200mV,±1.2% 2/20/200V,±0.8% 700V,±1.2%
直流电流	20μA,±2% 200μA/2mA/20mA,±0.8% 200mA/2A,±1.5% 10A,±2%
交流电流	200mA/2A,±1.8%；2/20mA,±1.0%；10A,±3%
电　阻	200Ω/2/20/200kΩ/2MΩ,±0.8%；20MΩ,±1.0%；200MΩ,±5.0%
二极管	正向直流电流约为 1mA,反向直流电压约为 2.8V

三、任务分解实施

(一) 选择表笔

[规范操作指导]

1) 使用前将万用表开关置于"ON"位置。

2) 取出测量表笔,表笔如图 1-5 所示。

3) 检查表笔绝缘层,应完好,无破损和断线。

4）红、黑表笔应插在符合测量要求的插孔内，保证接触良好。通常情况下，红表笔代表测量时的正极，黑表笔代表测量时的负极。

5）黑表笔要插在黑色插孔"COM"中，如图1-6所示。红色表笔要根据所测量的项目和量程选择表笔的插孔：测量电压和电阻时，选择最右侧的"V Ω"插孔；测量小电流（低于200mA）时选择"mA"插孔；如测量的电流较大，选择最左侧的"10A"插孔。

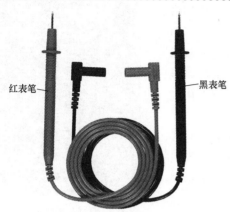

红表笔 ———— 黑表笔

图 1-5　万用表测量表笔

图 1-6　万用表表笔插孔

6）当显示屏出现"⊟⊟"时，说明万用表电池电量不足，应更换电池，否则会影响测试结果的准确性。

（二）选择量程

万用表的量程选择拨盘如图1-7所示。中间拨盘开关箭头所指的位置是被选择的测试量程，图1-7中选择的是测量电阻值，测量范围是200kΩ。从量程选择拨盘可以看出，该万用表可以测试的项目有电阻值、直流电压值、交流电压值、直流电流值、交流电流值、电容值、二极管、晶体管等。

[规范操作指导]

拨盘开关周围的数值，是选择该档位量程时所能

图 1-7　万用表的量程选择拨盘

测试的最大值。若被测值高于该量程最大测试值时，液晶显示屏将只显示最左侧一位"1"，以此表明测试结果已经超出量程，需扩大量程再进行测试。量程拨盘开关与表笔相互配合，完成测试。在转换量程时，应先停止测试，待转换量程后再重新开始测试，切忌在持续测量中转换量程，以免造成万用表的损坏。

（三）测量电阻

[规范操作指导]

1）测量电阻时，红表笔至于最右侧"V Ω"插孔，拨盘开关选择电阻档，在无法预测电阻值时，可先选择最大量程，后根据测试情况调整量程再进行准确测试。

2）以测量标称值为195kΩ的电阻为例，选择测量电阻200k档位，红、黑表笔并联在电阻的两端（红表笔在上，黑表笔在下，见图1-8），万用表显示为196.0，即测得的结果是该电阻值为196kΩ。

若调换红、黑表笔的位置，使红表笔在下、黑表笔在上（见图1-9），万用表显示仍为196.0，即测得的结果是该电阻值仍为196kΩ。

图 1-8　测量电阻

图 1-9　表笔反接测量电阻

由此可见，测量电阻时，红、黑表笔的位置关系不会影响最终的测量结果。

3）选择三个电阻，在每个量程下分别测试，测试时表笔并联在电阻两端，如图 1-10 所示（无正负关系）。记录每个电阻在各个量程时万用表的显示结果，并将结果填入表1-3中。

表 1-3　电阻测试记录表

测试量程	1kΩ 电阻	5.1kΩ 电阻	100kΩ 电阻
200M			
20M			
2M			
200k			
20k			
2k			
200			

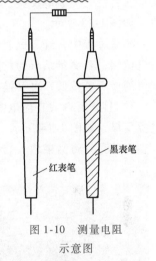

黑表笔

红表笔

图 1-10　测量电阻示意图

在测量中，可通过调换红、黑表笔位置，验证表笔位置是否对实际测试结果有影响。

4）根据测试结果，判定不同电阻应选择的量程，完成表1-4。

表 1-4　电阻测试总结表

电阻值	1kΩ	5.1kΩ	100kΩ
应选择量程			
测量结果			

（四）测量直流电压

[规范操作指导]

1）测量直流电压时，红表笔置于最右侧"V Ω"插孔，拨盘开关选择直流电压档位，如图 1-11 所示。直流电压测试量程共分为五个档位，即200mV、2V、20V、200V和1000V。在无法预测电压值时，可先选择较大量程，后根据测试情况调整量程进行准确测试。

实验室所提供的直流电压通常在安全电压（即36V）以下，本书中所涉及的实验直流电压都在安全电压以下。

项目一　学习使用万用表

2）以测量直流电源输出电压为例，红表笔应接在高电位一端（电源正极），黑表笔应接在低电位一端（电源负极），此时万用表显示电源输出电压。如图1-12所示，直流电源输出电压为1.08V。

图 1-11　直流电压档位

图 1-12　测量电压时红表笔在高电位

若将红、黑表笔反接，即红表笔接电源负极，黑表笔接电源正极，此时的测量结果为负值，如图1-13所示。

测量过程中，红、黑表笔应并联在被测负载的两端。测量结果为正时，说明红表笔接在高电位端；若测量结果为负时，说明红、黑表笔接反，即此时黑表笔所测试点电位高，红表笔所测试点电位低，可互换表笔测试点。

3）打开可调式直流电源，用万用表直接测量电源输出，红表笔接电源正极，黑表笔接电源负极，如图1-14所示。在电源输出指示分别为1.0、2.0、5.0、10.0时，在每个量程分别测试，并将结果填入表1-5中。

图 1-13　测量电压时黑表笔在高电位

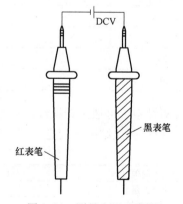

图 1-14　测量电压示意图

表 1-5　直流电压测试记录表

测试量程	1.0	2.0	5.0	10.0
2				
20				
200				

4）根据测量结果，判定不同直流电压应选择的量程，完成表1-6。

表 1-6　直流电压测试总结表

直流电源显示值	1.0	2.0	5.0	10.0
应选择量程				
测量结果				

（五）测量直流电流

[规范操作指导]

1）测量直流电流时，红表笔置于"A"插孔，拨盘开关选择直流电压档位，如图 1-15 所示。直流电压测试量程共分为四个档位，即 2mA、20mA、200mA 和 10A。其中，测量 10A 档位要配合表笔在最左侧"10A"红插孔一起使用。在无法预测电流值时，可先选择最大量程，后根据测试情况调整量程进行准确测试。

图 1-15　直流电流档位

本书中所涉及的实验直流电流都在 100mA 以下。

2）将直流电压档位打到 20mA 档，红、黑表笔应串联进入被测电路，若红表笔到黑表笔方向为电流实际电流方向，测量电流结果为 3.00mA，如图 1-16 所示。

图 1-16　测量电流方向与实际方向一致

若将红、黑表笔反接，即黑表笔到红表笔方向为实际电流方向时，测量结果为 －3.00mA，如图 1-17 所示。

图 1-17　测量电流方向与实际方向相反

综上所述，测量电流过程中如万用表显示被测电流为正值时，说明测试电流方向与实际电流方向一致；若测量结果为负值时，说明红、黑表笔接反，即此时测试电流方向与实际电流方向相反，可互换表笔测试点。

3）打开可调式直流电源，设计测试电路如图 1-18 所示。将万用表串联进入电路，红表笔接电阻端，黑表笔接电源负极，选择 1kΩ 电阻作为测试负载。在电源输出指示分别为 1.0、2.0、5.0、10.0 时，在每个量程分别测试，并将结果填入表 1-7 中。

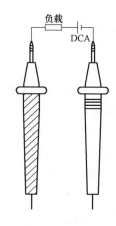

表 1-7　直流电流测试记录表

测试量程	1.0	2.0	5.0	10.0
2mA				
20mA				
200mA				

4）根据测量结果，判定不同直流电流应选择的量程，完成表 1-8。

图 1-18　测量电流示意图

表 1-8　直流电流测试总结表

直流电源显示值	1.0	2.0	5.0	10.0
应选择量程				
测量结果				

（六）测量线路通断

测量线路的通断与否可以利用测量二极管的档位进行，如图 1-19 所示。该档位有一个蜂鸣器，当线路处于接通状态时，蜂鸣器响起；当线路处于断开状态时，没有声音。

[规范操作指导]

测量线路通断时，红表笔置于最右侧"V Ω"插孔，与测量电阻的方法一致，将表笔分别接在测试线路的两端。如果蜂鸣器响起，证明该两点间处于通路状态。测试中请注意应将导线垂直放置，而不是平放于实验台上。

测量前万用表应自检，即万用表打开后调整到此测试档位，将红、黑表笔短接，蜂鸣器应响起；否则，应检查万用表自身状况。

（七）关闭万用表

[规范操作指导]

万用表不使用时应将其关闭，开关置于"OFF"状态。拨盘开关的位置应置于交流电压最大档位，以此提供对万用表的额外保护。本万用表关闭时，拨盘开关应指向交流 700V 档位，如图 1-20 所示。

图 1-19　测试线路通断的档位

图 1-20　关闭万用表的档位

无线万用表

万用表的未来发展方向除了精确测量之外，就是希望实现"远程"测量，实现无线万用表。便携式电子测试和无线测量技术的结合造就了无线万用表。

将无线通信技术和万用表电气测量技术成功地结合在一起，使远程无线测量的读数变成现实，为下一代数字万用表的发展树立了新的标杆。利用低功耗的 2.4GHz 无线网络，可实现测试数据无线传递。无线万用表如图 1-21 所示。

Fluke233 使用已经成熟的低功耗 2.4GHz ISM 频段无线通信机制，实现了万用表主机和可分离显示模块之间的稳定可靠的无线数据传输，从而突破了传统万用表在读数和测量空间上的限制和局限性，使得用户可以将测量工作和读数工作"分居两地"完成，大大提高了测量和读数的灵活性，同时也让用户远离有潜在危险或者难于接近的测量目标，让工作更安全更高效（见图 1-22）。

图 1-21 无线万用表

图 1-22 利用无线万用表测量

Fluke 233 的无线数据传输的稳定可靠性体现在万用表主机和分离显示模块之间的一一对应的加密适时对话机制，它保证多个 233 同时工作的时候互相不会"串话"，并且即使在没有测量数据传输的时候，它们之间依然能保持联系。另外，分离显示模块上的信号强度显示也直观地提醒用户是否超出有效通信距离。可分离的显示屏还内置了磁铁，可将其吸附在更易于读数的平整表面，方便读数。

除了创新的无线通信技术和可分离的显示屏设计，Fluke233 本身也是一款功能齐全、精准的万用表。Fluke233 以及它附带的表笔都符合 CATIV600V/CATⅢ1000V 安全等级，测量的最大电压为交流和直流 1000V，测量的最大电流为 10A，测量电容为 10000μF，测量频率高达 50kHz，并可以自动地捕获最小值/最大值和平均值读数。它带有内置接触测温仪，用户无需另外携带仪表，便可轻松地获取温度读数。仪表本体采用三节 AA 电池供电；显示屏配备两节 AA 电池。电池的平均使用寿命为 400h。

 总结

一、分析与思考

总结万用表使用技巧，填写表 1-9。

表 1-9 万用表使用技巧

任务	表笔选择	量程选择	使用技巧
测电阻			
测电压			
测电流			
测通断			
关表			

二、收获与体会

答：

 提升

生活用电和实验室用电都要牢记安全，高电压对于人的伤害显而易见，不过电流通过人体才是真正的危害。

1. 触电电流对人体的危害

1) 当人体流过工频（50Hz 正弦交流）1mA 或直流 5mA 电流时，人体就会有麻、刺、痛的感觉。

2) 当人体流过工频 20~50mA 或直流 80mA 电流时，人就会产生麻痹、痉挛、刺痛，血压升高，呼吸困难。自己不能摆脱电源，就有生命危险。

3) 当人体流过 100mA 以上电流时，人就会呼吸困难，心脏停跳。一般来说，10mA 以下工频电流和 50mA 以下直流电流流过人体时，人能摆脱电源，故危险性不太大。

2. 与触电电流大小有关的因素

（1）人体电阻　人体电阻主要是皮肤电阻，表皮 0.05~0.2mm 厚的角质层的电阻很大，皮肤干燥时，人体电阻为 6~10kΩ，甚至高达 100kΩ；但角质层容易被破坏，去掉角质层的皮肤电阻为 800~1200Ω；内部组织的电阻为 500~800Ω。

（2）触电电压　电压越高，危险性就越大。人体通过 10mA 以上的电流就会有危险。因此，要使通过人体的电流小于 10mA，若人体电阻按 1200Ω 算，根据欧姆定律：$U = IR = 0.01A \times 1200Ω = 12V$。如果电压小于 12V，则触电电压小于 12V，电流小于 10mA，人体是安全的。

我国规定：特别潮湿，容易导电的地方，12V 为安全电压。如果空气干燥，条件较好，可用 24V 或 36V 电压。一般情况下，12V、24V、36V 是安全电压的三个级别。

（3）触电时间　触电时间越长，后果就越严重。触电电流与时间的关系为：电流的毫安乘以持续时间，以 mA·s 表示。我国规定 50mA·s 为安全值。超过这个数值，就会对人体造成伤害。

（4）触电部位及健康状况　触电电流流过呼吸器官和神经中枢时，危害程度较大；流过心脏时，危害程度更大；流过大脑时，会使人立即昏迷。心脏病、内分泌失调、肺病、精神病患者，在同等情况下，危险程度更大些。

项目一　学习使用万用表

项目二　测试线性电阻的伏安特性曲线

团队名称：＿＿＿＿＿＿＿团队成员：＿＿＿＿＿＿＿＿＿＿执行时间：＿＿＿＿＿＿

目标

学习常用仪器仪表的正确使用及简单电路的连接方法
掌握电阻伏安特性曲线的测试方法
了解实验数据处理的意义和方法
1. 基本知识点：元件的伏安特性曲线
　　　　　　　线性电阻和欧姆定律
　　　　　　　数据处理与分析曲线
2. 基本技能点：能够完成常规仪表的检查和使用
　　　　　　　能够识别色环电阻
　　　　　　　能够利用数字万用表测量电流和电压
　　　　　　　能够描绘伏安特性曲线并分析误差

实施

一、前期材料准备

本项目所使用的设备主要有：可变直流电源（0～15V）一台，负载电阻（510Ω）若干，待测电阻（600Ω 和 2kΩ）若干，数字万用表两块（或电压表、电流表各一块），连接导线若干。在项目实施前后，对所使用仪表和设备进行检查，完成表 2-1。

表 2-1　实验仪表设备检查单

名　　称	规 格 描 述	使用前状况	使用后状况	备注
可变直流电源				
数字万用表				
电阻				
连接导线				

二、基本理论讲解

当一个元件两端加上电压且元件内有电流通过时，电压与电流之比称为该元件的电阻。利用欧姆定律求导体电阻的方法称为伏安法，它是测量电阻的基本方法之一。实验测量被测电阻两端的电压和流过该电阻的电流时，利用欧姆定律计算得到电阻值 $R = \dfrac{U}{I}$。为了研究材料的导电性，通常作出其伏安特性曲线（在平面直角坐标线下，横坐标代表电压，纵坐标代表电流），以便了解其电压与电流的关系。伏安特性曲线是直线的元件称为线性元件（见图 2-1a），伏安特性曲线不是直线的元件称为非线性元件（见图 2-1b），这两种元件的电阻都可以用伏安法测量。

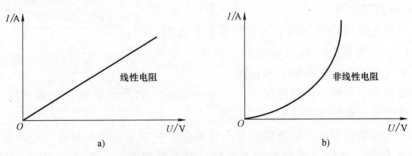

图 2-1　线性元件与非线性元件

一般而言，金属导体的电阻是线性电阻，它与外加电压的大小和方向无关，其伏安特性曲线是一条直线，如图 2-1a 所示。若调换电阻两端电压的极性，电流也将换向，而电阻始终为一定值，等于直线斜率的倒数，即 $R = \dfrac{U}{I}$。

图 2-2a～f 分别为线性电阻、白炽灯泡、普通二极管、稳压二极管、隧道二极管和直流稳压电源的伏安特性曲线。

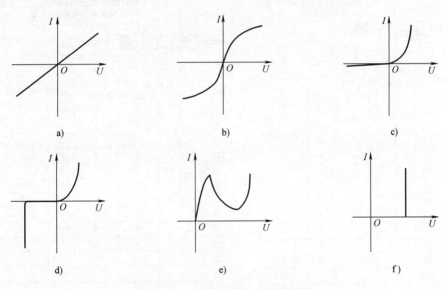

图 2-2　几种元件的伏安特性曲线

对于线性电阻而言，在同一平面内，将不同电阻的伏安特性曲线进行比较，如图 2-3 所示。可以得出如下结论：

在相同电压 U_0 作用下，流过三个电阻 R_1、R_2、R_3 的电流值相比，$I_1 > I_2 > I_3$。根据欧姆定律，$R = \dfrac{U}{I}$，比较三个电阻值得到 $R_1 < R_2 < R_3$。

从线性电阻的伏安特性曲线可以看出，电阻直线的斜率越小，即直线越靠近 X 轴，电

项目二　测试线性电阻的伏安特性曲线

阻值越大；反之，电阻直线的斜率越大，即直线越靠近 Y 轴，电阻值越小。

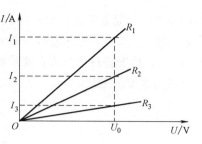

图 2-3 不同电阻伏安特性曲线分析

三、任务分解实施

（一）识别色环电阻

在电阻器的使用过程中，最为常见的是色环电阻。色环电阻是在电阻封装上（即电阻表面）涂上一定颜色的色环，来代表这个电阻的阻值和误差。

普通电阻有四个色环，高精密的用五色环来表示，另外还有六色环表示的（此种产品只用于高科技产品且价格十分昂贵）。

普通电阻用四条色带表示标称阻值和允许偏差，其中三条表示阻值，一条表示偏差，如图 2-4a 所示。例如，电阻上的色带依次为绿、黑、橙和无色，则表示 $50 \times 1000\Omega = 50\mathrm{k}\Omega$，其误差是 $\pm 20\%$；电阻的色标是红、红、黑、金，其阻值是 $22 \times 1\Omega = 22\Omega$，误差是 $\pm 5\%$；电阻的色标是棕、黑、金、金，其阻值为 $10 \times 0.1\Omega = 1\Omega$，误差为 $\pm 5\%$。

精密仪器用五条色带表示标称值和允许偏差，如图 2-4b 所示。例如，色带是棕、蓝、绿、黑、棕，表示电阻值为 165Ω，误差为 $\pm 1\%$。

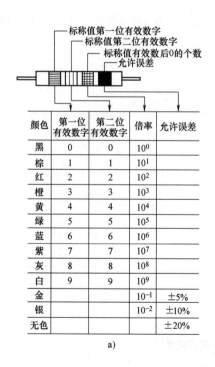

a)

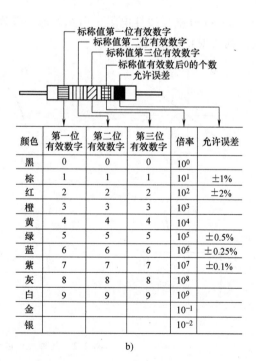

b)

图 2-4 色环电阻识别图

在肉眼识别色环电阻的同时，通过数字万用表对电阻值进行测量，可以更准确地确定电阻，尤其面对色环相近的电阻。如表 2-2 所示，完成对色环电阻的识别，并通过万用表测量，检验你的识别是否正确。

表 2-2　色环电阻识别表

编号	色环顺序	电阻识别值	电阻测量值	识别是否正确
1				
2				
3				
4				
5				
6				
7				
8				

（二）测量标称值为 600Ω 的电阻

实验电路原理框图如图 2-5 所示。

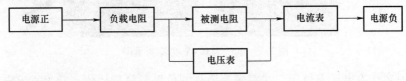

图 2-5　实验电路原理框图

[规范操作指导]

1）为保护直流稳压电源，接通与断开电源前均需先使其输出为零，然后再接通或断开电源开关。输出调节旋钮的调节必须轻缓。

2）更换测量内容前，必须使电源输出为零，然后再逐渐增加至需要值。

3）用万用表电阻档位直接测量被测电阻值。

4）按图 2-6 连接电路和测试仪表，选用 600Ω 进行测试。

图 2-6　实际实验电路连接图

实验中选用 1kΩ 的电阻作为电路的负载电阻，选择 600Ω 电阻进行测试。其中，万用表有两块，一块作为电压表使用，并联在 600Ω 电阻两端，注意红表笔接在高电位（电阻的左端）；另外一块万用表作为电流表使用，串联接入被测电路，注意表笔要按照实际电流方向进行测量，黑表笔接在电源负极一侧。

　　5）调整直流电源输出，使被测电阻两端电压值（见图 2-7 中左侧万用表读数）为 0.4V，记录右侧万用表读数。

图 2-7　电压为 0.4V 实验测量图

　　左侧万用表作为电压表使用，注意表笔插孔的位置，测量档位选择为直流电压 20V；右侧万用表作为电流表使用，注意表笔插孔的位置，测量档位选择为直流电流 20mA。此时，电流值为 0.65mA。

　　6）继续调整直流电源电压，按表 2-3 中数据表要求，使得左侧万用表依次实现各电压数据，如图 2-8 所示，记录电流表读数，填入表 2-3 中，完成对 600Ω 电阻的测试。并根据欧姆定律计算相应的电阻值。

图 2-8　电压为 1.0V 实验测量图

　　7）完成电阻伏安特性曲线的绘制。如图 2-9 所示，其中横坐标为电压值（图中已经标出相应各点位置），纵坐标为电流值（标记 1cm 为 1mA）。在电压值的相应位置找到电流值，并标出该点。以电压 1.0V、电流 1.62mA 为例，在横坐标 1.0 处，垂直向上确定长度代表 1.62mA，标出该点。当所有点标出后，用曲线连接，完成伏安特性曲线的绘制。

　　8）完成电阻特性曲线的绘制。利用表 2-3 中的电压和计算的电阻数据，完成电阻特性曲线的绘制，如图 2-10 所示。其中，横坐标为电压值，纵坐标为电阻测量值，纵坐标由学生自己确定数据和位置。注意，纵坐标可以不用零标记，自己选择纵坐标电阻值的起始点。

表 2-3　600Ω电阻伏安特性测试表

电阻标称值	600Ω		直接测量值				
电压读数/V	0.4	0.6	0.8	1.0	1.2	1.4	1.6
电流读数/mA							
电阻值/Ω							
电压读数/V	1.8	2.0	2.2	2.4	2.6	2.8	3.0
电流读数/mA							
电阻值/Ω							
电压读数/V	3.2	3.4	3.6	3.8	4.0	4.2	
电流读数/mA							
电阻值/Ω							

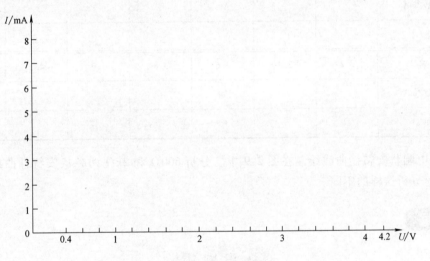

图 2-9　伏安特性曲线

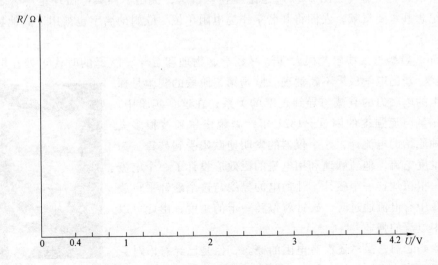

图 2-10　电阻特性曲线

（三）测量标称值为 2kΩ 的电阻

1）用万用表电阻档位直接测量被测电阻值，并填入表 2-4 中。

2）重复任务二的步骤，依次完成。

表 2-4 2kΩ 电阻伏安特性测试表

电阻标称值	2kΩ		直接测量值				
电压读数/V	0.4	0.6	0.8	1.0	1.2	1.4	1.6
电流读数/mA							
电阻值/Ω							
电压读数/V	1.8	2.0	2.2	2.4	2.6	2.8	3.0
电流读数/mA							
电阻值/Ω							
电压读数/V	3.2	3.4	3.6	3.8	4.0	4.2	
电流读数/mA							
电阻值/Ω							

3）将电阻伏安特性曲线绘制在图 2-9 中。分析 600Ω 和 2kΩ 两条伏安特性曲线有什么不同，如何分析这样的不同。

 拓展

认 识 欧 姆

乔治·西蒙·欧姆（见图 2-11）是德国物理学家，提出了经典电磁理论中著名的欧姆定律。为纪念其重要贡献，人们将其名字作为电阻单位。欧姆的名字也被用于其他物理及相关技术内容中。

1805 年，欧姆进入埃尔兰根大学学习数学、物理和哲学，欧姆的时代正处在电学飞速发展的时代，新的电学成果不断涌现。欧姆第一阶段的实验是探讨电流产生的电磁力的衰减与导线长度的关系，在这个实验中，他碰到了测量电流强度的困难。1821 年，施魏格尔和波根多夫发明了一种原始的电流计，这个仪器的发明使欧姆受到鼓舞。为了准确地量度电流，他巧妙地利用电流的磁效应设计了一个电流扭秤：用一根扭丝挂一个磁针，让通电的导线与这个磁针平行放置，当导线中有电流通过时，磁针就偏转一定的角度，由此可以判断导线中电流的强弱。

早在欧姆之前，虽然还没有电阻的概念，但是已经有人对金属的电导率（传导率）进行研究。欧姆很努力，1825 年 7 月，

图 2-11 欧姆

欧姆也用上述初步实验中所用的装置，研究了金属的相对电导率。他把各种金属制成直径相同的导线进行测量，确定了金、银、锌、黄铜、铁等金属的相对电导率。欧姆在自己的许多著作里还证明了：电阻与导体的长度成正比，与导体的横截面积和传导性成反比；在稳定电流的情况下，电荷不仅在导体的表面上，而且在导体的整个截面上运动。

1826 年欧姆提出了一个关系式：$X = \dfrac{a}{b + x}$，式中 X 表示电流，a 表示电动势，$b + x$ 表示电阻，b 是电源内部的电阻，x 为外部电路的电阻。这就是欧姆定律，是在电学史上具有里程碑意义的贡献。

1827 年，欧姆发表《伽伐尼电路的数学论述》，从理论上论证了欧姆定律。该书的出版招来不少讽刺和诋毁，大学教授们看不起他这个中学教师。德国人鲍尔攻击他说："以虔诚的眼光看待世界的人不要去读这本书，因为它纯然是不可置信的欺骗，它的唯一目的是要亵渎自然的尊严。"这一切使欧姆十分伤心，他在给朋友的信中写道："伽伐尼电路的诞生已经给我带来了巨大的痛苦，我真抱怨它生不逢时，因为深居朝廷的人学识浅薄，他们不能理解它的母亲的真实感情。"

当然也有不少人为欧姆抱不平，发表欧姆论文的《化学和物理杂志》主编施韦格（即电流计发明者）写信给欧姆说："请您相信，在乌云和尘埃后面的真理之光最终会透射出来，并含笑驱散它们。"欧姆辞去了在科隆的职务，又去当了几年私人教师，直到七八年后，随着研究电路工作的进展，人们逐渐认识到欧姆定律的重要性，欧姆本人的声誉也大大提高。

1841 年，英国皇家学会授予他科普利奖章，1842 年他被聘为国外会员，1845 年又被接纳为巴伐利亚科学院院士。为纪念欧姆，电阻的单位以他的姓氏命名。

一、分析与思考

1）分析电流表内接法与外接法对测试结果的影响。

图 2-12a 为伏安法测量电阻的内接法，图 2-12b 为伏安法测量电阻的外接法。

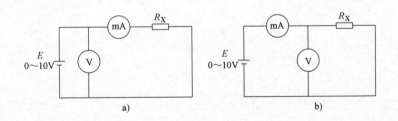

图 2-12　伏安法测电阻内接法与外接法示意图

选择不同的电阻，通过实验验证，在测量同一电阻时，两种接法会带来怎样的误差，并对误差进行分析。

答：

2）在通电的电路中，是否可以用万用表直接带电测电阻值？为什么？

答：

二、收获与体会

答：

 提升

1. 电阻的串并联

实际电路中，经常出现若干电阻连接在一起应用的现象，习惯上根据其连接方式，分为串联和并联两种，其主要电路特点见表2-5。

表2-5　电阻串并联电路基本特性

比较项目	串联电路	并联电路
基本概念	几个电阻一个接一个地顺序相连,并且在这些电阻中通过同一电流	几个电阻的两端都分别接在一起,在同一电源作用下,电阻两端电压都相同
电路连接图	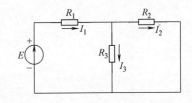	
电路特点	1)串联电路电流处处相等 2)总电压等于各段分电压之和。即 $U = U_1 + U_2 + U_3$ 3)总电阻等于串联电路各电阻之和。即 $R = R_1 + R_2 + R_3$ 4)串联电路中各个电阻两端的电压与该电阻阻值成正比 5)串联电路中各个电阻吸收的功率与该电阻阻值成正比	1)并联电路电阻两端电压相等 2)总电流等于流经各电阻电流之和。即 $I = I_1 + I_2 + I_3$ 3)总电阻的倒数等于并联电路各个电阻倒数之和。即 $\dfrac{1}{R} = \dfrac{1}{R_1} + \dfrac{1}{R_2} + \dfrac{1}{R_3}$ 4)并联电路中各个电阻中的电流与该电阻阻值成反比 5)电路中各个电阻吸收的功率与该电阻阻值成反比

2. 实验电路

混联实验电路如图2-13所示。这是一个简单的混联电路，由两个电阻 R_2、R_3 并联后，再和一个电阻 R_1 串联。

实验过程中，选择电路参数，电源 $E = 9V$，电阻 $R_1 = 1k\Omega$，$R_2 = 2k\Omega$，$R_3 = 3k\Omega$（也可以根据实验室情况酌情选择）。先进行理论计算，按照混联电路的特性，计算相应的电流值和电压值，以及计算并联后的电阻值。然后进行电路测量并与理论计算值进行比对。

图 2-13　混联实验电路

在测量过程中除了注意遵守测量规范之外，特别注意在测量电流时，电流表要串联在被测电路中，要注意表笔的接法。测量后将数据填入表2-6。

表2-6　测量结果

测量项目	理论计算值	实际测量值	分析误差原因
R_1 两端电压 U_1			
R_2 两端电压 U_2			
R_3 两端电压 U_3			
R_1 处电流 I_1			

（续）

测量项目	理论计算值	实际测量值	分析误差原因
R_2 处电流 I_2			
R_3 处电流 I_3			
R_2、R_3 并联后电阻			

3. 电路设计

在已经完成了以往的实验之后，请同学们自己设计一个实验电路。要完成的目标很简单，请在一个电路中，利用一个直流电源供电的情况下，同时得到 1mA、2mA 和 4mA 的三个电流。

请先进行理论计算，并设计电路，根据设计的电路进行测试，找到需要的三个电流。通过实验证明你的电路设计正确之后，看看还有没有别的方法完成这个任务。

各组比一比，哪一个组的方法最简单，哪个组使用的元件最少。

将你最终的设计电路图在下方完成。

设计电路图

项目三 验证基尔霍夫定律

团队名称：_____ 团队成员：_____ 执行时间：_____

 目标

加深理解基尔霍夫定律的基本内容，用实验数据验证基尔霍夫定律

通过实验加深对参考方向的理解

进一步加深对电压是绝对量、电位是相对量的理解

熟悉仪器仪表的使用技术

1. 基本知识点：欧姆定律

　　　　　　　基尔霍夫定律的表述

　　　　　　　支路电流法理论计算

2. 基本技能点：能够正确使用万用表

　　　　　　　能够正确测量电压、电流数值并判断其方向

　　　　　　　能够分析实验数据

 **实施**

一、前期材料准备

本项目所使用的设备主要有：可变直流电源（0 ~ 15V）一台，被测电阻若干，连接导线若干，数字万用表一块。在项目实施前后，对所使用仪表和设备进行检查，完成表3-1。

表 3-1　实验仪表设备检查表

名　称	规 格 描 述	使用前状况	使用后状况	备注
可变直流电源				
数字万用表				
电阻				
连接导线				

二、基本理论讲解

1. 基尔霍夫电流定律（KCL）

定律描述：在任一时刻流入某一节点的电流之和等于流出该节点的电流之和，即 $\Sigma I_i = \Sigma I_o$ 或 $\Sigma I = 0$。

当不知道电流的实际方向时，必须设定每一条支路电流的正方向（参考方向）。基尔霍夫电流定律不仅适用于一个节点，也适用于电路中任意假设的封闭面。

2. 基尔霍夫电压定律（KVL）

定律描述：在任一时刻，沿任意闭合回路电压降的代数和总等于零，即 $\Sigma U = 0$ 或 $\Sigma U_R = \Sigma U_E$ 或 $\Sigma U_\uparrow = \Sigma U_\downarrow$（电压升等于电压降）。

无论是基尔霍夫电流定律还是基尔霍夫电压定律，其中的电流或电压都与电路中的元件线性度无关，并且与直流电路和交流电路的电路电源性质无关。

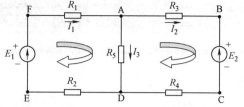

图 3-1　实验电路原理图

3. 实验电路原理图

实验电路原理图如图 3-1 所示。

实验设备如图 3-2 所示，各个电路参数的原始值见表 3-2。

表 3-2　各个电路参数的原始值

R_1	R_2	R_3	R_4	R_5	E_1	E_2
510Ω	510Ω	1kΩ	330Ω	510Ω	9V	5V

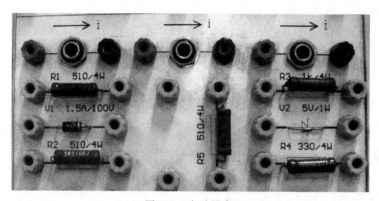

图 3-2　实验设备

三、任务分解实施

（一）验证基尔霍夫电流定律

1）理论计算。根据基尔霍夫定律列方程进行计算：

$$\begin{cases} I_1 = I_2 + I_3 \\ I_1 R_1 + I_3 R_5 + I_1 R_2 = 9 \\ I_2 R_3 + 5 + I_2 R_4 = I_3 R_5 \end{cases}$$

2）测试各支路电流，填入表 3-3 中。

表 3-3　支路电流测量值

	I_1	I_2	I_3	$I_2 + I_3$
测量值/mA				

3）验证基尔霍夫定律是否有 $I_1 = I_2 + I_3$；若不相等，判断原因并进行分析。

（二）验证基尔霍夫电压定律

1）理论计算。根据得出的各支路电流，计算电路当中两点之间的电压，填入表 3-4 中。

表　3-4

电压	$U_{AB} = I_2 R_3$	$U_{CD} = I_2 R_4$	$U_{DE} = I_1 R_2$	$U_{FA} = I_1 R_1$	$U_{AD} = I_3 R_5$
理论值/V					

2）测量各回路的电压。在实际测量中，注意选择万用表的红、黑表笔。其中，针对电路图 3-1，在测量电压（如 U_{AB}）时，红表笔应接在 A 点，而黑表笔应接在 B 点。针对电路中的三个回路，分别进行测量，将结果填入表 3-5 中。

表　3-5

	项目 类别	U_{AB}	U_{BC}	U_{CD}	U_{DE}	U_{EF}	U_{FA}	U_{AD}	ΣU
各回路电压值	回路 FADEF	╲	╲	╲	U_{DE}	U_{EF}	U_{FA}	U_{AD}	
	回路 ABCDA	U_{AB}	U_{BC}	U_{CD}	╲	╲	╲	U_{DA}	
	回路 FABCDEF	U_{AB}	U_{BC}	U_{CD}	U_{DE}	U_{EF}	U_{FA}	╲	

注：单格中画斜线，表示该对应项不做测试。

3）验证基尔霍夫电压定律是否有 $\Sigma U = 0$；若不相等，判断原因并进行分析。

（三）根据回路电压关系绘制回路 FABCDEF 的电位图

设横坐标为 F、A、B、C、D、F 各点，纵坐标为电压。按顺序均匀标注上 F、A、B、C、D、F，在各点所在的垂直线上描点，用直线依次连接相邻两个电位点，即得该电路的电位图，如图 3-3 所示。

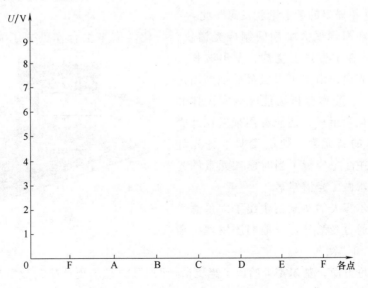

图 3-3　电路各点电位图

项目三　验证基尔霍夫定律

▶ 拓展

认识基尔霍夫

古斯塔夫·罗伯特·基尔霍夫（见图3-4）是德国著名物理学家、化学家，一生贡献颇丰。

1845年，21岁的基尔霍夫在柯尼斯堡大学就读期间发表了第一篇论文，提出了稳恒电路网络中电流、电压、电阻关系的两条电路定律，即著名的基尔霍夫电流定律（KCL）和基尔霍夫电压定律（KVL），解决了电气设计中电路方面的难题。后来，他又研究了电路中电的流动和分布，从而阐明了电路中两点间的电动势差和静电学的电动势这两个物理量在量纲和单位上的一致，使基尔霍夫电路定律具有更广泛的意义。直到现在，基尔霍夫电路定律仍旧是解决复杂电路问题的重要工具。基尔霍夫被称为"电路求解大师"。

图3-4　基尔霍夫

1859年，基尔霍夫做了用灯焰烧灼食盐的实验，在对这一实验现象的研究过程中，得出了关于热辐射的定律，后被称为基尔霍夫定律（Kirchoff's law）。基尔霍夫根据热平衡理论导出，任何物体对电磁辐射的发射本领和吸收本领的比值与物体特性本身无关，是波长和温度的普适函数，即与吸收系数成正比。并由此判断：太阳光谱的暗线是太阳大气中元素吸收的结果。这给太阳和恒星成分分析提供了一种重要的方法，天体物理由于应用光谱分析方法而进入了新阶段。

1862年，他又进一步得出绝对黑体的概念。他的热辐射定律和绝对黑体概念是开辟20世纪物理学新纪元的关键之一。后来，基尔霍夫的得意弟子普朗克（Max Planck，1858~1947）在1900年提出的量子论就发源于此。

基尔霍夫在海德堡大学期间制成光谱仪，与化学家本生合作创立了光谱化学分析法（把各种元素放在本生灯上烧灼，发出波长一定的一些明线光谱，由此可以极灵敏地判断这种元素的存在）。光谱分析法能够测定天体和地球上物质的化学组成，还能够用来发现地壳中含量非常少的新元素。他们发明了分光计（见图3-5），并首先分析了当时已知元素的光谱，给各种元素做了光谱档案。

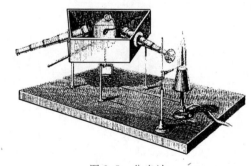

图3-5　分光计

本生和基尔霍夫的实验衍生出了大量意义深远的结果。通过光谱分析，他们还发现了金属元素"铯"和"铷"。

在光学理论方面，基尔霍夫给出了惠更斯-菲涅耳原理的更严格的数字形式，对德国的理论物理学的发展有重大影响。他还著有《数学物理学讲义》4卷。

 **总结**

一、分析与思考

1）实验中电流的正负关系如何处理？

答：

2）分析产生误差的原因。

答：

二、收获与体会

答：

提升

1. 叠加定理电流验证实验

在数学物理中经常出现这样的现象：几种不同原因的综合所产生的效果，等于这些不同原因单独产生效果的累加。例如，物理中几个外力作用于一个物体上所产生的加速度，等于各个外力单独作用在该物体上所产生的加速度的总和，这个原理称为叠加原理。叠加原理适用范围非常广泛，下面我们来认识一下电路中的叠加定理。

叠加定理的书面描述是：在线性电路中，任何一条支路中的电流或电压，都可以看成是由电路中的各个电源（电压源或电流源）分别作用时（其他电源不作用）在此支路中所产生的电流或电压的代数和。其他电源不作用表示的是：电压源应被视为短路，而电流源应被视为开路。

在上述验证基尔霍夫定律的实验中，如图 3-6 所示，有两个电源 E_1 和 E_2，它们同时工作为电路供电，该电路是一个线性电路，故而可以应用叠加定理去分析和解决。

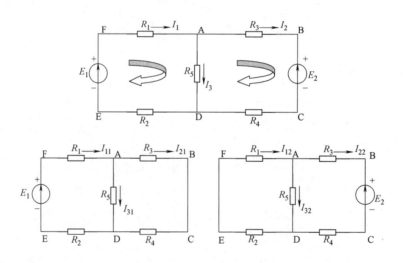

图 3-6　叠加定理验证实验原理图

如图 3-6 所示，可以将两个电源 E_1 和 E_2 拆开，单独进行供电，然后验证在单电源工作下各个支路电流的变化情况，从而验证是否有 $I_1 = I_{11} + I_{12}$ 的事实。

按图 3-6 连接电路，注意在单电源工作时，另一个电源应该视为短路，用一根导线代替。在电源 E_1 单独工作时的电路测量中，B 点和 C 点要用导线连接；在电源 E_2 单独工作时的电路测量中，E 点和 F 点要用导线连接。按照要求测量并记录各支路电流。在测量时要注意电流的方向和正负关系。

表　3-6

E_1 单独工作	E_2 单独工作	电流和/mA	双电源同时供电
I_{11}/mA	I_{12}/mA		I_1/mA
I_{21}/mA	I_{22}/mA		I_2/mA
I_{31}/mA	I_{32}/mA		I_3/mA

对你的实验数据进行分析，并作出结论。

2. 叠加定理电压验证实验

如图 3-6 所示，可以进行叠加定理的电压验证实验。

表 3-7

E_1 单独工作		E_2 单独工作		电压和/V	双电源同时供电	
U_{AB1}/V		U_{AB2}/V			U_{AB}/V	
U_{BC1}/V		U_{BC2}/V			U_{BC}/V	
U_{CD1}/V		U_{CD2}/V			U_{CD}/V	
U_{DE1}/V		U_{DE2}/V			U_{DE}/V	
U_{EF1}/V		U_{EF2}/V			U_{EF}/V	
U_{FA1}/V		U_{FA2}/V			U_{FA}/V	
U_{AD1}/V		U_{AD2}/V			U_{AD}/V	

对你的实验数据进行分析，并作出结论。

项目四 学习使用示波器

团队名称：＿＿＿＿＿＿ 团队成员：＿＿＿＿＿＿＿＿＿＿＿＿ 执行时间：＿＿＿＿＿＿

 目标

了解示波器的基本组成和工作原理

学习数字示波器的基本使用方法

学习测量信号幅度、周期、脉冲宽度等参数

1. 基本知识点：示波器的基本原理

　　　　　　　信号电压参数的物理意义

　　　　　　　信号时间参数的物理意义

2. 基本技能点：能够完成示波器的检查和使用

　　　　　　　能够利用数字示波器测量电压

　　　　　　　能够利用数字示波器测量周期与频率

　　　　　　　能够根据示波器显示、描绘波形

 **实 施**

一、前期材料准备

本项目所使用的设备主要有：数字示波器一台，示波器探头一套。在项目实施前后，对所使用仪表和设备进行检查，完成表4-1。

表4-1　实验仪表设备检查单

名　　称	规 格 描 述	使用前状况	使用后状况	备注
数字示波器				
示波器探头				

二、基本理论讲解

（一）概述

示波器是一种图形显示设备，它能够描绘电信号的波形曲线。这一简单的波形能够说明信号的许多特性：信号的时间和电压值、振荡信号的频率、信号所代表电路中"变化部分"相对于其他部分的发生频率、是否存在故障部件使信号产生失真、信号的直流成分（DC）和交流成分（AC）、信号的噪声值和噪声随时间变化的情况、比较多个波形信号等。通用示波器的总体框图如图4-1所示。

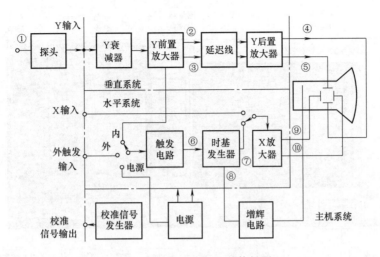

图 4-1　通用示波器的总体框图

（二）模拟示波器与数字示波器

示波器一般分为模拟示波器和数字示波器两种类型。

模拟示波器（见图4-2）的工作方式是直接测量信号电压，并通过从左到右穿过示波器屏幕的电子束在垂直方向描绘电压。与模拟示波器不同，数字示波器通过模-数转换器（ADC）把被测电压转换为数字信息，它捕获的是波形的一系列样值，并对样值进行存储，存储限度是判断累计的样值是否能描绘出波形为止。随后，数字示波器重构波形。

数字示波器的外观如图4-3所示，其面板结构、使用方法等将在下文中详细介绍。

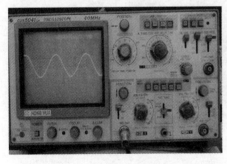

图 4-2　模拟示波器的外观　　　　　图 4-3　数字示波器的外观

（三）数字示波器面板控件介绍

1）数字示波器的面板控件功能如图4-4所示。

2）数字示波器的显示屏如图4-5所示。

3）数字示波器的控制面板如图4-6所示。

（四）示波器探头介绍

示波器探头为无源高阻探头，可用于小信号测量（1X 档）、低频通用测量，其测量带宽为：1X 时 7MHz；10X 时 150MHz；适合 100MHz 以下示波器通用。探头的外观和配件如图4-7所示。

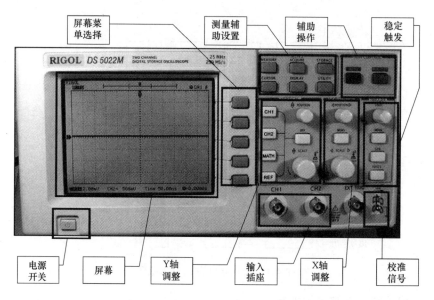

图 4-4　数字示波器的面板控件功能

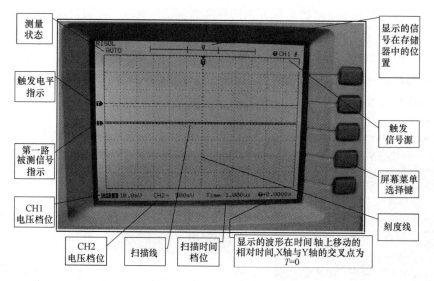

图 4-5　数字示波器的显示屏

示波器的探头参数（Probe Characteristics）见表 4-2。

表 4-2　示波器的探头参数

探头参数		
操作环境	Operation Environment	0 ~ 50℃ , 0 ~ 80% RH
存放环境	Storage Environment	− 20 ~ 60℃ , 0 ~ 90% RH
探头尺寸	Size	(140 ± 2) cm
探头重量	Weight	约 45g
带宽	Bandwidth	1X: DC ~ 7MHz 10X: DC ~ 150MHz

探头参数		
上升时间	Rise time	1X:50ns 10X:2.3ns
衰减率	Attenuation Ratio	10:1 或 1:1,可转换
输入阻抗	Input Resistance	1X:1MΩ, ±2% 10X:10MΩ, ±2%
输入电容	Input Capacitance	1X:(100±20) pF 10X:(17±5)pF
最大输入	Maximum Input	1X:CAT Ⅱ AC 150V 10X:CAT Ⅱ AC 300V
补偿范围	Compensation Range	5～29pF

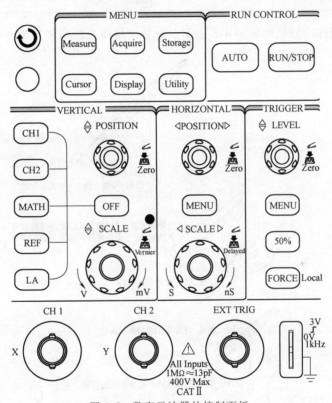

图 4-6　数字示波器的控制面板

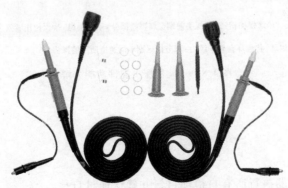

图 4-7　探头的外观和配件

示波器的探头零件清单（Accessory Kit）见表4-3。

表4-3 示波器的探头零件清单

探头零件清单			
	名称	描述	数量
1	探头	Probe	2
2	探头钩	Retractable Hook Tip	2
3	补偿调节棒	Adjustment Tool	1
4	绝缘保护帽	Locating Sleeve	2
5	标识环(黄、粉、浅蓝、深蓝)	Marker Rings (yellow, pink light blue, and dark blue)	8
6	接地鳄鱼夹	Ground Lead	2
7	接地弹簧	Ground Spring	2

示波器探头配件功能分解如图4-8所示。充分了解探头的功能，为测试做准备。

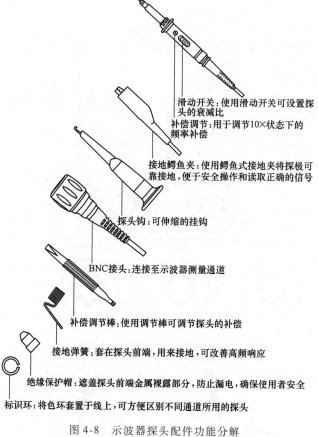

滑动开关：使用滑动开关可设置探头的衰减比

补偿调节：用于调节10×状态下的频率补偿

接地鳄鱼夹：使用鳄鱼式接地夹将探极可靠接地，便于安全操作和读取正确的信号

探头钩：可伸缩的挂钩

BNC接头：连接至示波器测量通道

补偿调节棒：使用调节棒可调节探头的补偿

接地弹簧：套在探头前端，用来接地，可改善高频响应

绝缘保护帽：遮盖探头前端金属裸露部分，防止漏电，确保使用者安全

标识环：将色环套置于线上，可方便区别不同通道所用的探头

图4-8 示波器探头配件功能分解

三、任务分解实施

（一）功能检查

[规范操作指导]

1）接通电源，仪器执行所有自检项目，并确认通过自检。

2）按 STORAGE 按键，用菜单操作键从顶部菜单框中选择存储类型，然后调出出厂设置菜单框。

3）接入信号到通道 1（CH1），将输入探头和接地夹接到探头补偿器的连接器上，如图 4-9 所示。其中，探头与校准信号输出端相连，接地夹与校准信号地线相连，如图 4-10 所示。

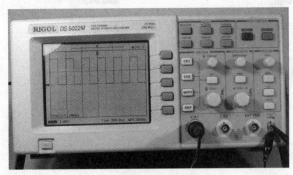

图 4-9　功能检查连接与显示

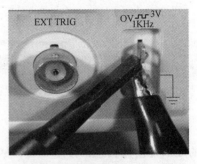

图 4-10　功能检查时的探头连接

4）按 AUTO（自动设置）按键，几秒内可见到方波显示，如图 4-11 所示。当测得校准信号为 1kHz、3V 时，说明接入探头线完好，并且示波器 Y 通道和 X 通道测试准确。

5）示波器设置探头衰减系数。此衰减系数改变仪器的垂直档位比例，从而使得测量结果正确反映被测信号的电平（默认的探头菜单系数设定值为 10X），设置方法如下：按 CH1 功能按键显示通道 1 的操作菜单，应用与"探头"项目平行的 3 号菜单操作键，选择与使用的探头同比例的衰减系数。

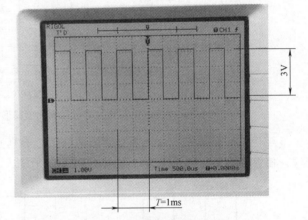

图 4-11　功能检测的波形显示

6）以同样的方法检查通道 2（CH2）。按 OFF 功能按钮以关闭 CH1，按 CH2 功能按键以打开通道 2，重复步骤 3）和 4）。

提示：示波器一开机，调出出厂设置，可以恢复正常运行，实验室使用开路电缆，探头衰减系数应设为 1X。

（二）探头使用

[规范操作指导]

1）在 CH1 通道接入校正信号。

2）按探头分别改变探头衰减系数为 1×、10×、100×、1000×，观察波形幅度的变化。如图 4-12 所示，中间为改变衰减的档位。

3）在首次将探头与任一输入通道连接时，为使探头与输入通道相配，要进行补偿调节。未经补偿或补偿偏差的探头会导致测量误差或错误。将探头菜单衰减系数设定为 10×，将探头上的开关设定为 10×，并将示波器探头与 CH1 连接。如使用探头钩形头，应确保与探头接触紧密。将探头端部与探头补偿器的信号输出连接器相连，基准导线夹与探头补偿器

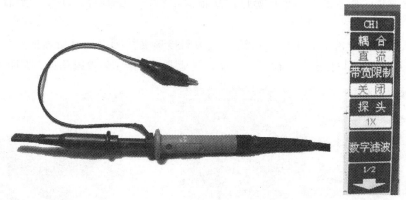

图 4-12　探头衰减的设置

的地线连接器相连，打开 CH1，然后按 AUTO 按键。

4）检查所显示波形的形状，如图 4-13 所示。

错误　　　　　　　　　　错误　　　　　　　　　　正确

图 4-13　探头补偿波形检查图

5）利用补充调节棒（或非金属质地的螺钉旋具）调节探头前端的补偿调节处（可变电容），使得校准信号方波平整，如图 4-14 所示。

补偿过度　　　　　　　　补偿正确　　　　　　　　补偿不足

图 4-14　探头补偿调整图

提示：探头衰减系数的变化，带来屏幕左下方垂直档位的变化，100 × 表示观察的信号扩大了 100 倍，依此类推。这一项设置配合输入电缆探头的衰减比例设定，要求其一致（如探头衰减比例为 10:1，则这里应设成 10 ×），以避免显示的档位信息和测量的数据发生错误。示波器用开路电缆接入信号，则设为 1 ×。

示波器探头所能测量的最大输入电压值，随着频率的增加而逐渐减少，其电压频率特性曲线如图 4-15 所示，在测量中要注意。

（三）CH1、CH2 通道设置

[规范操作指导]

1）在 CH1 接入一含有直流偏置的正弦信号，关闭 CH2 通道。

2）按 CH1 按键，系统显示 CH1 的操作菜单，如图 4-16 所示。

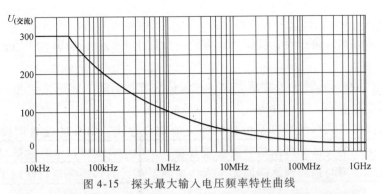

图 4-15　探头最大输入电压频率特性曲线

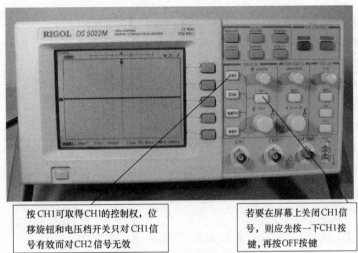

按CH1可取得CH1的控制权，位移旋钮和电压档开关只对CH1信号有效而对CH2信号无效

若要在屏幕上关闭CH1信号，则应先按一下CH1按键，再按OFF按键

图 4-16　CH1 通道控制

3）按<u>耦合</u>→<u>交流</u>（下画横线表示按键），设置为交流耦合方式，被测信号含有的直流分量被阻隔，波形显示在屏幕中央，波形以零线标记上下对称，屏幕左下方出现"CH1～"交流耦合状态标志。耦合方式的原理如图 4-17 所示。

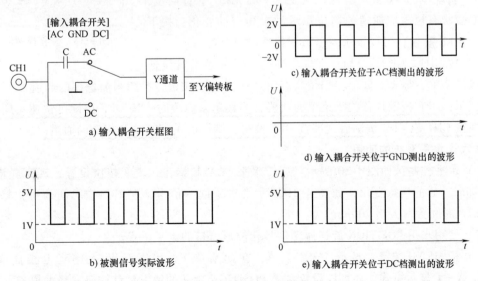

图 4-17　耦合方式的原理

4）按<u>耦合</u>→<u>直流</u>，设置为直流耦合方式，被测信号含有的直流分量和交流分量都可以通过，波形显示偏离屏幕中央，波形不以零线为标记上下对称，屏幕左下方出现直流耦合状态标志"CH1—"。

5）按<u>耦合</u>→<u>接地</u>，设置为接地方式，被测信号都被阻隔，波形显示为一零直线，左下方出现接地耦合状态标志"CH1 ⇌ "。

提示：每次按 AUTO 按键，系统默认为交流耦合方式，CH2 的设置同样如此。交流耦合方式方便用更高的灵敏度显示信号的交流分量，常用于观测模拟电路的信号。直流耦合方式可以通过观察波形与信号地之间的差距来快速测量信号的直流分量，常用于观察数字电路的信号。

（四）波形显示的自动设置

[规范操作指导]

1）将被测信号（自身校正信号）连接到信号输入通道。

2）按下 AUTO 按键。

3）示波器将自动设置垂直、水平和触发控制。

提示：应用自动设置要求被测信号的频率大于或等于 50Hz，占空比大于 1%。

（五）垂直系统的使用

[规范操作指导]

1）垂直控制区如图 4-18 所示。将 CH1 端口的输入连线接到探头补偿器的连接器上。

2）按下 AUTO 按键，波形清晰地显示于屏幕上，如图 4-19所示，并可以进行测量，

电压值 = 每档指示值 × 格数 = 1.0V × 3 = 3.0V

3）转动垂直 POSITION 旋钮，只是通道的标志跟随波形上下移动。

4）转动垂直 SCALE 旋钮，改变"Volt/div"垂直档位，可以发现状态栏对应通道的档位显示发生相应的变化；按下垂直 SCALE 旋钮，可设置输入通道的粗调/细调状态。

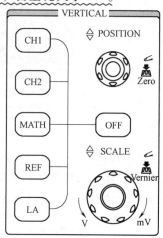

图 4-18　垂直控制区

5）按 CH1、CH2、MATH、REF 按键，屏幕显示对应通道的操作菜单、标志、波形和档位状态信息；按 OFF 按键，关闭当前选择的通道。

提示：OFF 按键具备关闭菜单的功能，当菜单未隐藏时，按 OFF 按键可快速关闭菜单；如果在按 CH1 或 CH2 按键后立即按 OFF 按键，则同时关闭菜单和相应的通道。

（六）水平系统的使用

1）水平控制区如图 4-20 所示。旋转水平 SCALE 旋钮，改变档位设置，观察屏幕右下方"Time"后的信息变化，如图 4-21 所示。对于同一信号，左图扫描时间为每大格 1ms，右图扫描时间为每大格 200μs。

2）使用水平 POSITION 旋钮调整信号在波形窗口的水平位置。

3）按 MENU 按键，显示 TIME 菜单，在此菜单下，可以开启/关闭延迟扫描或切换Y—T、X—T 显示模式，还可以设置水平 POSITION 旋钮的触发位移或触发释抑模式。

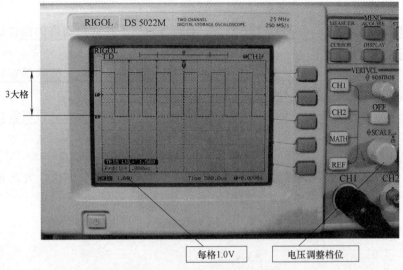

| 每格1.0V | 电压调整档位 |

图 4-19　垂直应用和电压测量

图 4-20　水平控制区

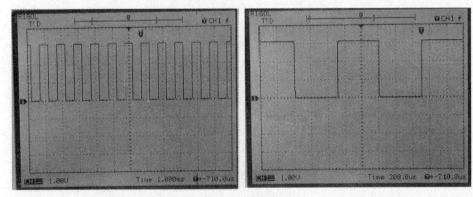

图 4-21　水平控制变化

4）对于时间的测量如图 4-22 所示。被侧信号的周期 T = 时间档位值 × 格数 = 500μs × 2 = 1000μs。

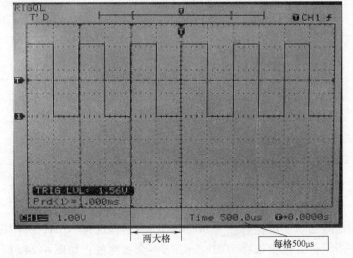

| 两大格 | 每格500μs |

图 4-22　时间测量

提示：

① 转动水平 SCALE 旋钮，改变"s/div"水平档位，可以发现状态栏对应通道的档位显示发生了相应的变化，水平扫描速度以 1—2—5 的形式步进。

② 水平 POSITION 旋钮控制信号的触发位移，转动水平 POSITION 旋钮时，可以观察到波形随旋钮而水平移动，实际上水平移动了触发点。

③ 触发释抑时间指重新启动触发电路的时间间隔。转动水平 POSITION 旋钮，可以设置触发释抑时间。

（七）自动测量电压

数字示波器可以自动测量的电压参数包括峰峰值、最大值、最小值、平均值、方均根值、顶端值、底端值等。电压参数的物理意义示意图如图 4-23 所示。

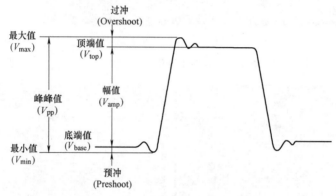

图 4-23　电压参数的物理意义示意图

电压参数的物理意义见表 4-4。

表 4-4　电压参数的物理意义

参 数 名 称	物 理 意 义
峰峰值(V_{pp})	波形最高点（波峰）至最低点的电压值
最大值(V_{max})	波形最高点至 GND（地）的电压值
最小值(V_{min})	波形最低点至 GND（地）的电压值
幅值(V_{amp})	波形顶端至底端的电压值
顶端值(V_{top})	波形平顶至 GND（地）的电压值
底端值(V_{base})	波形平底至 GND（地）的电压值
过冲(Overshoot)	波形最大值与顶端值之差与幅值的比值
预冲(Preshoot)	波形最小值与底端值之差与幅值的比值
平均值(Average)	整个波形或选通区域上的算术平均值
方均根值(V_{rms})	整个波形或选通区域上的精确"方均根"电压

[规范操作指导]

1）将被测信号连接到信号输入通道。

2）选择被测信号通道。按键选择为 MEASURE→信源选择→CH1 或 CH2。

3）获取全部测量值。按键选择为 MEASURE→全部测量，如图 4-24a 所示。

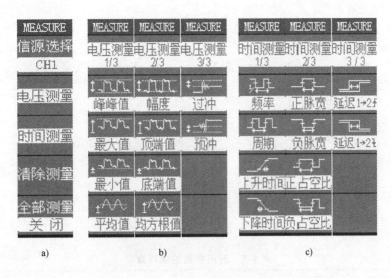

图 4-24　自动测量选项

4）获取测量数值。按键选择为 MEASURE→电压测量或时间测量。

图 4-24b 所示为电压自动测量所能测试的项目。

图 4-24c 所示为时间自动测量所能测试的项目。

单击预测值所对应的按键，即可以显示实际测量结果。

5）打开全部测量值，可以显示所有项目的测试结果，如图 4-25a 所示。

关闭测量后，测试结果全部消失，如图 4-25b 所示，只保留信号波形。

提示：若显示数据为"＊＊＊＊＊"，则表示当前状态下此数据不可测。

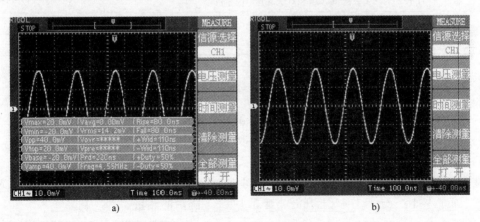

图 4-25　全部测量与关闭测量选项

（八）自动测量时间

数字示波器可以自动测量信号的周期、频率、上升时间、下降时间、正脉宽、负脉宽、正占空比、负占空比、延迟 A→B↗、延迟 A→B↘、相位 A→B↗、相位 A→B↘共 12 种时间参数。时间参数的物理意义示意图如图 4-26 所示。

时间参数的物理意义见表 4-5。

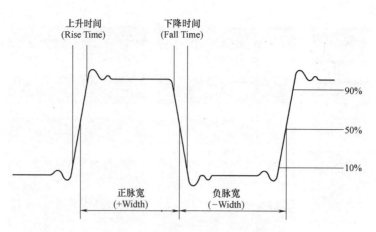

图 4-26　时间参数的物理意义示意图

表 4-5　时间参数的物理意义

参数名称	物理意义
上升时间（RiseTime）	波形幅度从 10% 上升至 90% 所经历的时间
下降时间（FallTime）	波形幅度从 90% 下降至 10% 所经历的时间
正脉宽（+ Width）	正脉冲在 50% 幅度时的脉冲宽度
负脉宽（- Width）	负脉冲在 50% 幅度时的脉冲宽度
延迟 A→B↯（DelayA→B↯）	通道 A、B 相对于上升沿的延时
延迟 A→B↧（DelayA→B↧）	通道 A、B 相对于下降沿的延时
相位 A→B↯	通道 A、B 相对于上升沿的相位差
相位 A→B↧	通道 A、B 相对于下升沿的相位差
正占空比（+ Duty）	正脉宽与周期的比值
负占空比（- Duty）	负脉宽与周期的比值

［规范操作提示］

1）在通道 1（CH1）接入校正信号。

2）按下 MEASURE 按键，以显示自动测量菜单。

3）按下信源选择选相应的信源CH1；获取全部测量值。

4）按下时间测量选择测量类型，如图 4-24c 所示。

在时间测量类型下，可以进行频率、时间、上升时间、下降时间、正脉宽、负脉宽、正占空比、负占空比、延迟 1→2 上升沿、延迟 1→2 下降沿的测量。

（九）使用光标测量信号

光标测量键位于主菜单"MENU"中，如图 4-27 所示。

光标模式允许用户通过移动光标进行测量。光标测量分为三种模式，其菜单如图 4-28 所示。

1）手动方式：光标 X 或 Y 方式成对出现，并可手动调整光标的间距；显示的读数即为测量的电压或

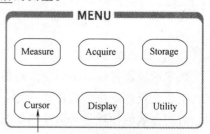

图 4-27　光标测量键

时间值；当使用光标时，需首先将信源设定成所要测量的波形。

2）追踪方式：水平与垂直光标交叉构成十字光标，十字光标自动定位在波形上，通过旋动多功能旋钮可以调整十字光标在波形上的水平位置；示波器同时显示光标点的坐标。

3）自动测量方式：通过此设定，在自动测量模式下，系统会显示对应的电压或时间光标，以揭示测量的物理意义；系统根据信号的变化，自动调整光标位置，并计算相应的参数值。

注意：此种方式在未选择任何自动测量参数时无效。

图 4-28　光标测量模式

[规范操作指导]

1）在通道 1（CH1）接入被测信号，并稳定显示。

2）按 CURSOR 按键选光标模式为<u>手动</u>。

3）根据被测信号接入的通道选择相应的信源。

4）选择光标类型为<u>电压</u>，移动光标可以调整光标间的增量；屏幕显示光标 A、B 的电位值及光标 A、B 间的电压值。

5）选择光标类型为<u>时间</u>，移动光标可以调整光标间的增量；屏幕显示光标 A、B 的时间值及光标 A、B 间的时间值，以及计算的频率值，如图 4-29 所示。

6）按 CURSOR 按键选光标模式为<u>追踪</u>。

7）移动光标可以改变十字光线的水平位置；屏幕上显示定位点的水平、垂直光标和两光标间水平、垂直的增量，如图 4-30 所示。

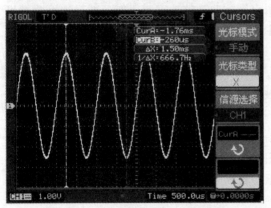

图 4-29　手动时间光标测量举例

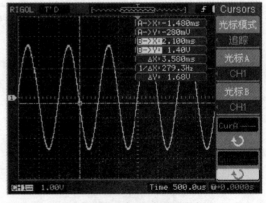

图 4-30　光标追踪测量举例

8）按 CURSOR 按键选光标模式为<u>自动测量</u>，自动测量的结果如图 4-31 所示。

提示：

① 电压光标是指定位在待测电压参数波形某一位置的两条水平光线，用来测量垂直方向上的参数。示波器显示每一光标相对于接地的数据，以及两光标间的电压值。

② 时间光标是指定位在待测时间参数波形某一位置的两条垂直光线，用来测量水平方向上的参数。示波器根据屏幕水平中心点和这两条直线之间的时间值来显示每个光标的值，

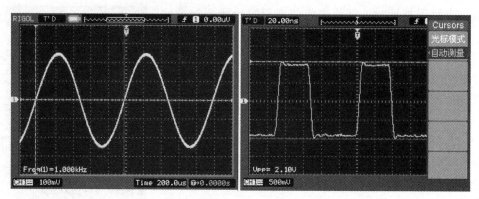

图 4-31 光标自动测量

以 s 为单位。

③ 光标追踪测量方式是在被测信号波形上显示十字光标，通过移动光标的水平位置光标自动在波形上定位，并显示相应的坐标值。水平坐标以时间值显示，垂直坐标以电压值显示，电压以通道接地点为基准，时间以屏幕水平中心位置为基准。

④ 旋转垂直 POSITION 旋钮，使光标 A 上下或左右移动；旋转水平 POSITION 旋钮，使光标 B 上下或左右移动。

 拓展

示波器的发展趋势

示波器主要用于测试和开发现代技术，因此必须非常灵活地适应新的应用环境。示波器的主要用途在不断改变。示波器供应商要想使用户满意并高效地完成工作，就必须不断推出新产品，以适应这种发展。示波器的发展趋势主要有以下几点。

1. 从并行测量发展到串行测量

过去的嵌入式设计通常采用并行体系结构，这意味着每个总线组成部分都有各自的路径。因此，只要用户可以使用码型触发或状态触发找出感兴趣的事件，就可以直观地解码总线上的数据。

然而，现代嵌入式设计一般采用串行体系结构，即连续发送总线数据。这样做的原因是它需要的电路板空间较小、成本较低，并且采用嵌入时钟，功率要求也较低。因此，示波器制造商目前提供了各种串行数据触发功能、搜索特性和协议观察程序，以帮助用户找出关注的事件并对其进行解码和测量。

随着此类协议不断涌现及新一代协议进入市场，示波器供应商必须跟上新技术的发展步伐，使用户能有效地利用这些协议进行工作。

2. 功能强大的便携式示波器/定制通用示波器

以往，性能高的示波器体积都很庞大，便于携带的示波器性能又较低，而用户只能二者选一。现代的高速设计和串行数据使许多人迫切需要一款便携式高性能示波器。图 4-32 为手持式示波器，利用万用表的便捷，实现示波器的功能，在未来测试中将被广泛应用。

目前，人们还越来越多地利用许多同类示波器中提供的软件包来定制其个性化示波器。

一些软件应用程序，例如各种串行解码软件包、矢量信号分析（VSA）软件、功率应用软件以及离线查看和分析软件，使用户能以非常个性化的方式来定制和使用他们的通用示波器。

3. 混合信号示波器

混合信号示波器（MSO）是由惠普/安捷伦科技公司首先推出的。它是一种综合测试仪器，具有示波器的可用性、逻辑分析仪的测量能力以及某些串行协议分析功能。

如图 4-33 所示，在 MSO 的显示器上，用户可以查看各种按时间排列的模拟波形和数字波形。虽然 MSO 未能提供逻辑分析仪所能提供的所有通道（MSO 通常有 2~4 个模拟输入和大约 16 个数字输入），但其用途完全可以弥补这一点。逻辑分析仪过于复杂，难以使用，而示波器则比较简便。这正是 MSO 的优势：集各种测试设备之所长，并在它们之间找到完美的平衡点。

图 4-32　手持式示波器

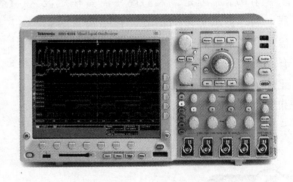

图 4-33　混合信号示波器

MSO 是针对当前技术中流行的嵌入混合信号系统而创建的。例如，汽车电子系统通常都有数字控制的模拟电动机控制器和传感器。过去，人们通常选择传统示波器来分析这类系统，但示波器往往没有足够的触发能力和输入通道。因此，人们必须还要使用逻辑分析仪，结果使设置和操作更加复杂。MSO 完全解决了这一问题，并且业已验证，它是分析嵌入式混合信号系统的最佳仪器。

4. 示波器目前更多地用作自动检验工具而非调试工具

以往，工程师或技术人员主要把示波器用于调试和设计工作，例如诊断有故障的电气部件。现在，尽管示波器仍有这方面的作用，但用在自动验证方面的情况越来越普遍，即检查设备是否满足某个串行数据标准的技术指标要求。

在一致性领域中，每个采用某个串行数据总线技术的设备都必须符合预定的技术指标，以便确保各家制造商制造的不同设备相互兼容。

随着第二代和第三代标准的出现，设备的数据速率越来越高，对示波器的信号完整性和眼图分析性能的要求也随之提高，并且要求示波器最大程度地减小对被测系统的影响，因为在高数据速率条件下，这些影响可能非常严重。此外，业界还开发出一致性应用程序，用于对设备进行自动测试。

项目四　学习使用示波器

45

5. 更好地显示

用户现在需要更好的显示器，原因有许多。首先，随着社会的发展，人们日益习惯使用大尺寸、高清晰度的显示器。不久以前，使用小计算机监视器或电视屏幕的情况还很常见，而如今，大型 LCD 和等离子体显示器充斥电子商店的货架。这些日常使用的设备都配有性能精良的显示器，人们自然希望其他显示仪器也有那样的显示器。因此，许多示波器制造商纷纷投产配备大尺寸、高分辨率显示器的示波器。

第二个原因是，人们现在需要在示波器上同时显示更多的信号，包括模拟数据信号和数字数据信号，因此示波器必须配有足够大的显示器来正确显示所有波形。此外，显示器还必须具有足够高的分辨率和颜色，以便用户清楚地区分每个波形和读出解码标记。

图 4-34 展示的是新一代功能强大的示波器——DLM2054。

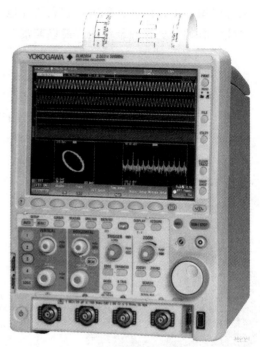

图 4-34　新一代示波器

 总结

一、分析与思考

1) 观察波形变化，思考直流耦合、交流耦合和接地三种方式的特点。

答：

2）将通过"垂直系统"读到的参数和自动测量到的参数对比并讨论。

答：

3）将通过"水平系统"读到的参数和自动测量到的参数对比并讨论。

答：

二、收获与体会

答：

项目五　学习使用信号源

团队名称：＿＿＿＿＿＿＿团队成员：＿＿＿＿＿＿＿＿＿执行时间：＿＿＿＿＿＿

了解信号发生器的基本组成
了解信号发生器的工作原理
学习信号发生器的基本使用方法
联合测试使用信号源和示波器
1. 基本知识点：信号发生器的基本原理
　　　　　　　信号的基本参数
2. 基本技能点：能够完成信号源的检查和使用
　　　　　　　能够利用数字示波器测量信号源输出
　　　　　　　能够测试信号源的基本技术指标

一、前期材料准备

本项目所使用的设备主要有：数字示波器、信号发生器各一台，连接导线若干。在项目实施前后，对所使用仪表和设备进行检查，完成表 5-1。

表 5-1　实验仪表设备检查单

名称	规格描述	使用前状况	使用后状况	备注
数字示波器				
信号发生器				
连接导线				

二、基本理论讲解

（一）概述

信号源又称为函数信号发生器，可以产生各种波形、幅度和频率的信号。利用信号源的输出可以为被测设备提供准确的测试信号，用于电子整机、部件以及元器件的功能测试。

信号源是一种精密的测试仪器，可以提供连续信号、扫频信号、函数信号、脉冲信号、点频正弦信号等多种输出信号和外部测频功能，其外观如图 5-1 所示。

信号源的内部整机电路如图 5-2 所示，它由一片单片机进行管理，主要工作为：控制函

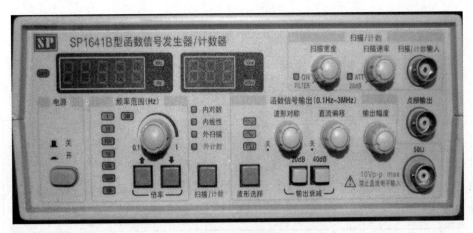

图 5-1   信号源的外观

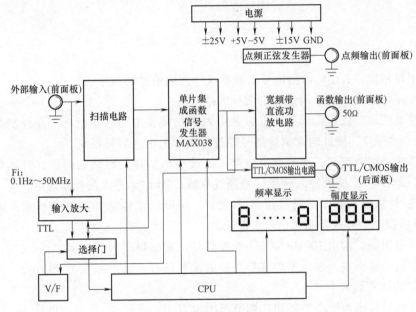

图 5-2   信号源的内部整机结构

数发生器产生的频率；控制输出信号的波形；测量输出的频率或测量外部输入的频率并显示；测量输出信号的幅度并显示。

函数信号由专用的集成电路产生，该电路集成度高、精度高、线路简单，并易于与微机接口，使得整机指标得到可靠保证。

扫描电路由多片运算放大器组成，以满足扫描宽度、扫描速率的需要。宽带直流功率放大电路的选用，保证输出信号的带负载能力以及输出信号的直流电平偏移，均可受面板电位器控制。

整机电源采用线性电路，以保证输出波形的纯净性，具有过电压、过电流、过热保护。

（二）前面板控件介绍

信号源的前面板控件如图 5-3 所示。

前面板各个控件的功能如下。

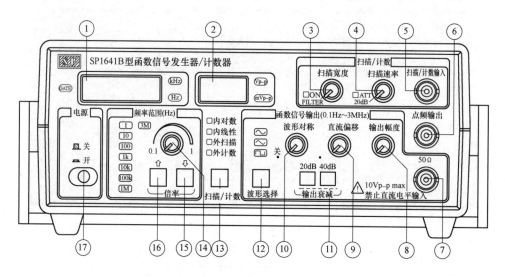

图 5-3 信号源的前面板控件

① 频率显示窗口：显示输出信号的频率或外测频信号的频率。

② 幅度显示窗口：显示函数输出信号的幅度。

③ 扫描宽度调节旋钮：调节此电位器可调节扫频输出的频率范围。在外测频时，逆时针旋到底（绿灯亮），使外输入测量信号经过低通开关进入测量系统。

④ 扫描速率调节旋钮：调节此电位器可以改变内扫描的时间长短。在外测频时，逆时针旋到底（绿灯亮），使外输入测量信号经过衰减"20dB"进入测量系统。

⑤ 扫描/计数输入插座：当"扫描/计数键"（13）功能选择在外扫描状态或外测频功能时，外扫描控制信号或外测频信号由此输入。

⑥ 点频输出端：输出 100Hz 标准正弦波信号，输出幅度为 2Vp-p。

⑦ 函数信号输出端：输出多种波形受控的函数信号，输出幅度为 20Vp-p（1MΩ 负载）或 10Vp-p（50Ω 负载）。

⑧ 函数信号输出幅度调节旋钮：调节范围为 20dB。

⑨ 函数输出信号直流电平偏移调节旋钮：调节范围为 – 5 ~ 5V（50Ω 负载）或 – 10 ~ 10V（1MΩ 负载）。当电位器处在关位置时，则为 0 电平。

⑩ 输出波形对称性调节旋钮：调节此旋钮可改变输出信号的对称性。当电位器处在关位置时，则输出对称信号。

⑪ 函数信号输出幅度衰减开关："20dB"、"40dB" 键均不按下，输出信号不经衰减，直接输出到插座口；"20dB"、"40dB" 键分别按下，则可选择 20dB 或 40dB 衰减；"20dB"，"40dB" 同时按下时为 60dB 衰减。

⑫ 函数输出波形选择按钮：可选择正弦波、三角波、脉冲波输出。

⑬ "扫描/计数"按钮：可选择多种扫描方式和外测频方式。

⑭ 频率微调旋钮：调节此旋钮可微调输出信号频率，调节基数范围为 0.1 ~ 1。

⑮ 倍率选择按钮：每按一次此按钮可递减输出频率的 1 个频段。

⑯ 倍率选择按钮：每按一次此按钮可递增输出频率的 1 个频段。

⑰ 整机电源开关：此按键揿下时，机内电源接通，整机工作。此键释放时关掉整机电源。

（三）后面板控件介绍

信号源的后面板控件如图 5-4 所示。

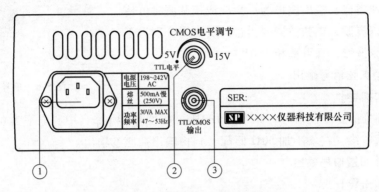

图 5-4　信号源的后面板控件

① 电源插座：交流市电 220V 输入插座，内置熔丝容量为 0.5A。

② TTL/CMOS 电平调节旋钮："关"为 TTL 电平，打开则为 CMOS 电平，输出幅度可从 5V 调节到 15V。

③ TTL/CMOS 输出插座。

三、任务分解实施

（一）自校检查

在信号源使用前，先检查市电电压，确认市电电压在 220(1±10%)V 范围内，方可将电源线插头插入本仪器后面板电源线插座内，供仪器随时开启工作。

在使用本仪器进行测试工作之前，可对其进行自校检查，以确定仪器工作正常与否。自校检查流程如图5-5所示。

（二）50Ω 主函数信号输出

[规范操作指导]

1）以终端连接 50Ω 匹配器的测试电缆，由前面板插座右下角⑦（参见图5-3，下同）输出函数信号，如图 5-6 所示。

2）由倍率选择按钮⑮或⑯选定输出函数信号的频段，由频率微调旋钮调整输出信号频率，直到所需的工作频率值。

3）由函数输出波形选择按钮⑫选定输出函数的波形分别获得正弦波、三角波、脉冲波。

4）由信号幅度选择器⑪和⑧选定和调节输出信号的幅度。

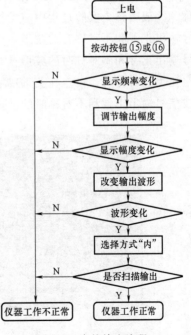

图 5-5　自校检查流程

项目五　学习使用信号源

5）由函数输出信号直流电平偏移调节旋钮⑨选定输出信号所携带的直流电平。

6）输出波形对称性调节旋钮⑩可改变输出脉冲信号的占空比，与此类似，输出波形为三角波或正弦波时可使三角波调变为锯齿波，正弦波调变为正与负半周分别为不同角频率的正弦波形，且可移相180°。

图5-6 信号输出

（三）点频正弦信号输出

［规范操作指导］

1）输出标准的正弦波信号，频率为100Hz，幅度为2Vp-p（中心电平为0）。

2）经测试电缆（终端不加50Ω匹配器）由输出插座⑥输出。

（四）内外扫描信号输出

［规范操作指导］

1）"扫描/计数"按钮⑬选定为内扫描方式。

2）分别调节扫描宽度调节旋钮③和扫描速率调节旋钮④获得所需的扫描信号输出。

3）函数输出插座⑦、TTL脉冲输出插座均输出相应的内扫描的扫频信号。

4）"扫描/计数"按钮⑬选定为外扫描方式。

5）由外部输入插座⑤输入相应的控制信号，即可得到相应的受控扫描信号。

（五）调整波形对称

研究信号源输出波形的对称性，连接好信号源与示波器进行波形测试。

［规范操作指导］

1）选择波形输出，通过波形选择按钮选择输出波形，选择后该波形指示灯点亮。

2）信号源使用前，应调好对称性。通过调整"波形对称"旋钮（见图5-7）调节对称，完成后整个实验过程中应保持不变。图5-8所示为显示正弦信号输出正常和不对称时的波形；图5-9所示为示波器显示三角波信号输出正常和不对称时的波形；对于方波而言，不对称性表现在占空比上。对称时，占空比为50%。如图5-10所示，示波器显示方波信号输出正常和不对称时的波形。

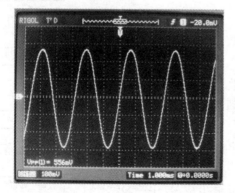
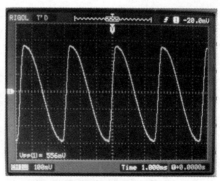

图5-8 正弦信号对称与不对称输出波形比较

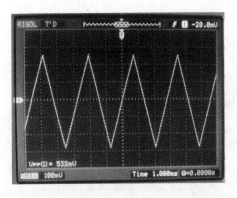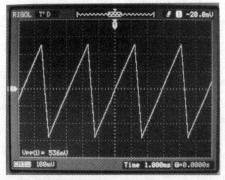

图 5-9　三角波信号对称与不对称输出波形比较

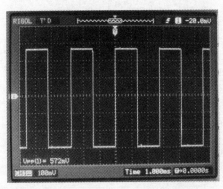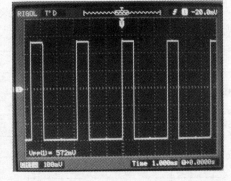

图 5-10　方波信号对称与不对称输出波形比较

（六）测量正弦信号输出幅度准确度

[规范操作指导]

1）信号源输出选择 50Hz 正弦波，直接连接到示波器。

2）根据表 5-2 完成信号源幅度特性检查，都以峰峰值
测试为例。

图 5-11　输出衰减

3）输出衰减有 20dB 和 40dB 两个按钮，如图 5-11 所
示。"20dB"、"40dB"键均不按下，输出信号不经衰减，
直接输出到插座口；"20dB"、"40dB"键分别按下，则可
选择 20dB 或 40dB 衰减；"20dB"、"40dB"键同时按下时为 60dB 衰减。

表 5-2　信号源幅度准确度检查

测试幅度	选择信号源衰减档位	信号源输出显示电压	示波器测量电压
10mV			
20mV			
100mV			
200mV			
2V			
5V			

项目五　学习使用信号源

53

（七）测量正弦信号输出频率准确度

[规范操作指导]

1）信号源输出选择正弦波，输出幅度为1.0V，直接连接到示波器。

2）根据表5-3完成信号源频率特性检查。

表5-3 信号源频率准确度检查

测试频率	选择信号源输出档位	信号源输出显示频率	示波器测量频率
5Hz			
10Hz			
50Hz			
100Hz			
500Hz			
1kHz			
5kHz			
10kHz			
50kHz			
95kHz			
100kHz			
105kHz			
500kHz			
1MHz			
2MHz			

 拓展

认识频谱仪

1. 频谱仪与示波器

顾名思义，频谱仪是频域测试，测量信号中的频率分量；而示波器是实现时域测量的，看到的是波形。从坐标轴角度分析，频谱仪测量的横坐标是频率轴（见图5-12），而示波器测量的横坐标则是时间轴。

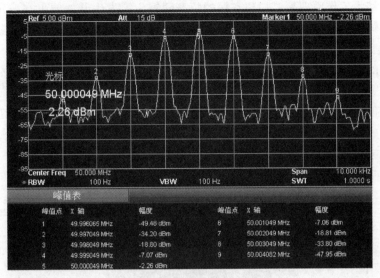

图 5-12　频谱仪测量画面

峰值点	X 轴	幅度		峰值点	X 轴	幅度
1	49.996065 MHz	-49.48 dBm		6	50.001049 MHz	-7.06 dBm
2	49.997049 MHz	-34.20 dBm		7	50.002049 MHz	-18.81 dBm
3	49.998049 MHz	-18.80 dBm		8	50.003049 MHz	-33.80 dBm
4	49.999049 MHz	-7.07 dBm		9	50.004082 MHz	-47.95 dBm
5	50.000049 MHz	-2.26 dBm				

2. 频谱仪的基本工作原理

频谱就是频率的分布曲线，复杂振荡分解为振幅不同和频率不同的谐振荡，这些谐振荡的幅值按频率排列的图形叫做频谱，广泛应用在声学、光学和无线电技术等方面。频谱是频率谱密度的简称。它将对信号的研究从时域引到频域，从而带来更直观的认识。

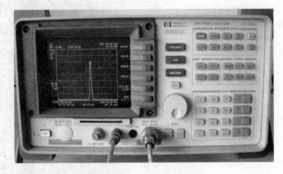

图 5-13　频谱仪的外观

频谱仪的外观如图 5-13 所示。为了能动态地观察被测信号的频谱，现代频谱仪大多采用扫频超外差式接收方案。利用扫频第一本振的方法，被测信号经混频后得到固定的中频信号，经不同带宽滤波器后，就能观察到频差较小的两个信号。频谱仪的原理框图如图 5-14 所示。

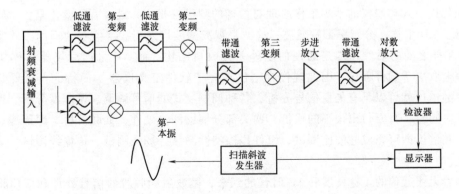

图 5-14　频谱仪的原理框图

频谱仪的基本工作原理是：扫频本振的频率随锯齿波发生器的输出在一定范围内扫描，使不同频率的输入信号与本振混频后，依次落入分辨率带宽滤波器通带内，进一步放大、检波后加到 Y 放大器中，亮点在屏幕上的垂直偏移正比于该频率分量的幅值。由于扫描电压在调制振荡器的同时，又驱动 X 放大器，从而可以在屏幕上显示出被测信号的频谱。

3. 便携式频谱仪

老式频谱仪自身比较笨重，不方便携带，往往只能用于实验室测量。新型的便捷式频谱仪诞生后，有效解决了这一难题。图 5-15 所示为一款由德国罗德与施瓦茨公司生产的 R&S ® FSH 手持式频谱仪。

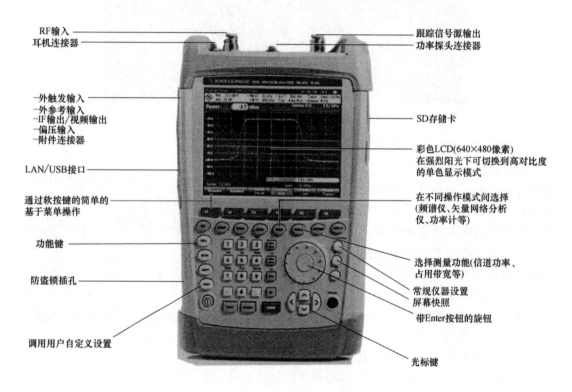

图 5-15　R&S ⓇFSH 手持式频谱仪

4. 实时频谱仪

现代扫频式频谱仪的基本工作原理与古老的频谱仪相比，最显著的变化是：中频滤波器后进行了 AD 采样，分辨率带宽滤波、检波、视频滤波均采用数字信号处理的方式实现。由于 AD 采样之前的硬件结构是通用的超外差接收机结构，而 AD 采样后仪器具体实现的功能，完全取决于软件程序，因此现代频谱仪具有"软件定义仪器"的特征，只要购买相应选件，频谱仪就可以具有矢量信号分析、各种调制制式的信号解调、调制度分析、通信测量等功能。同时，只要付出很小的代价，购买部分辅助测量硬件，如驻波桥、跟踪源、接收天线等，频谱仪即可完成驻波比测试、组件传输特性测试、场强测试、传输线测试、天线测试等功能。

随着无线通信的飞速发展和 3G 时代的到来，微波射频频段的信号处理和应用将随处可见。频谱仪作为"频域的万用表"，从模拟中频时代进入全数字中频时代之后，必将拥有更广阔的市场前景。

【总结】

一、分析与思考

1）总结信号源使用中的注意事项。

答:

2）在峰峰值测量中，示波器测量结果的误差由哪些因素构成？

答:

3）在输出信号的频率或幅度接近档位极限时，该如何选择适当的档位？

答:

二、收获和体会

答：

项目六 认识电容和测试容抗

团队名称：＿＿＿＿＿＿ 团队成员：＿＿＿＿＿＿＿＿＿ 执行时间：＿＿＿＿＿＿

了解电容的基本理论和存储释放电荷的作用

掌握容抗的测试方法，容抗随频率变化的特性——隔直通交

熟练掌握信号源和万用表的使用

掌握工程上的三十秒规则

1. 基本知识点：电容的组成和功能

　　　　　　　电容的隔直通交作用

　　　　　　　三十秒规则

2. 基本技能点：能够识别电容

　　　　　　　能够用万用表测试电容值

　　　　　　　能够正确使用信号源

　　　　　　　能够利用数字万用表测量容抗

一、前期材料准备

本项目所使用的设备主要有：可调式直流稳压电源（0～30V），交流信号源，数字万用表两块，发光二极管两只，1kΩ 电阻两只，被测电容（$C = 10\mu F$），连接导线若干。在项目实施前后，对所使用仪表和设备进行检查，完成表6-1。

表6-1 实验仪表设备检查表

名称	规格描述	使用前状况	使用后状况	备注
可调式直流稳压电源				
交流信号源				
数字万用表				
电容				
连接导线				

二、基本理论讲解

电容（Capacitance）指的是在给定电位差下的电荷储藏量，国际单位是法［拉］（F）。

一般来说，电荷在电场中会受力而移动，当导体之间有了介质，则阻碍了电荷移动而使得电荷累积在导体上，造成电荷的累积储存。电容的结构非常简单，主要由两块正负电极和夹在中间的绝缘介质组成，所以电容类型主要是由电极和绝缘介质决定的，通常有电解电容、纸介电容、瓷介电容和钽电容等几类。电容的规格有很多是直接标注于电容之上的，如图 6-1 所示。

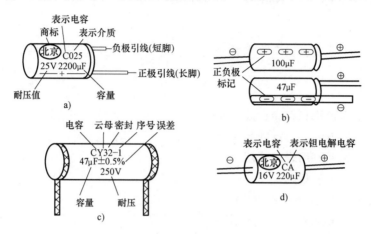

图 6-1 直标法标注电容规格

不标单位的直接表示法一般采用 3 位数字表示，容量单位为 pF，前两位是有效数字，后一位是倍率，如 103 表示电容值为 $10 \times 10^3\,\text{pF}$。

与电阻色环相同，电容也可以用三个色环表示电容值，如图 6-2 所示。沿电容引线方向，用不同的颜色表示不同的数字，前两个环表示电容量，第三环表示有效数字后零的个数（单位为 pF）。各个色环的颜色定义与电阻色环一致，分别为黑 =0、棕 =1、红 =2、橙 =3、黄 =4、绿 =5、蓝 =6、紫 =7、灰 =8、白 =9。

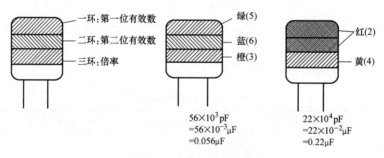

图 6-2 电容色环表示值

每一个电容都有它的耐压值，这是电容的重要参数之一。在电容应用中，外加电压不能超过耐压值，否则将损坏电容。普通无极性电容的标称耐压值有 63V、100V、160V、250V、400V、600V、1000V 等；有极性电容的耐压值相对要比无极性电容的耐压低，一般的标称耐压值有 4V、6.3V、10V、16V、25V、35V、50V、63V、80V、100V、220V、400V 等。

对于有极性的电容一般都标出正负极，也有用引脚长短来区别正负极的，其中长脚一端为正极，短脚一端为负极。

电感和电容元件在交流电路中所表现出来的特性，即感抗和容抗是随着交流信号频率的变化而变化的。感抗 $X_L = \omega L$，是角频率与电感量的乘积。频率越低，感抗就越小；直流时，感抗为零，电感相当于短路。因此，电感线圈在交流电路中有"通直流阻交流"的特性。

容抗 $X_C = \dfrac{1}{\omega C}$，是角频率与电容值乘积的倒数。频率越低，容抗 X_C 就越大；直流时，电容相当于开路。容抗具有"通交流隔直流"的作用。

电阻、电感和电容三种元件在交流电路中阻碍电流的作用如图 6-3 所示。

电阻元件：阻抗，不随频率变化（保持定值）。

电感元件：感抗，和频率成正比（隔交通直）。

电容元件：容抗，和频率成反比（隔直通交）。

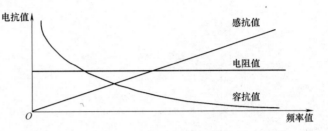

图 6-3　电阻、电感、电容元件电抗分析图

三、任务分解实施

（一）观察电容存储电荷的现象
[规范操作指导]

1）根据图 6-4 连接电路。同时连接以上两个电路。其中，两个电源 E_1 和 E_2 同时选取 5V，$R_1 = R_2 = 1\text{k}\Omega$，选择两只相同的发光二极管连入电路。在 6-4b 图中，发光二极管两端并联一个电容。

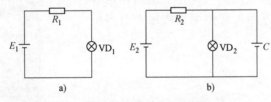

图 6-4　观察电容存储电荷现象示意图

2）电源接通后，两只发光二极管点亮。同时切断电源后，观察两只发光二极管的变化。并分析所看到的情况。

（二）了解三十秒规则
测量直流电源关闭后的电压变化。

三十秒规则：工程上，对其电气设备的维护与调整，要在断电 30s 以后再进行操作，这样可以提供额外的安全保障。

[规范操作指导]

1）设置直流稳压电源输出为 6V，万用表测量其电压。关闭电源，记录断电后每个时间点万用表显示的数值，并填入表 6-2 中。

2）将电源输出调整为 12V 重复进行上述实验，将数据填入表 6-2 中。

3）依据表 6-2 中的数据，完成图 6-5 中电源断电后电压值变化曲线的绘制。

4）分析实验数据和曲线的特征。

表 6-2　直流电源断电后电压测试表格

电源电压	2s	5s	10s	20s	30s	40s	50s	60s
6V								
12V								

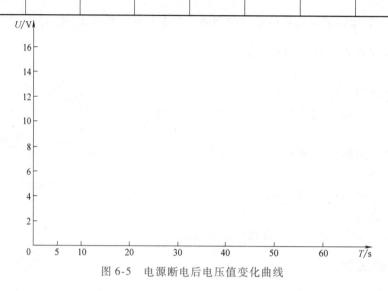

图 6-5　电源断电后电压值变化曲线

（三）测试电容值

根据电容的标注，判断各个电容的耐压值和管脚的正负极性。

［规范操作指导］

利用万用表电容测试档位测量电容值，如图 6-6 所示。电容插在测试端口，没有正负极之分。拨盘开关应指向电容测试档位，根据标称电容值选择相应的量程。该万用表所能测量的最大电容值为 $20\mu F$。

（四）测量容抗

［规范操作指导］

1）按图 6-7 连接电路。注意，此时电流测量的万用表应串联在电路中。

2）信号源输出选择 50Hz 正弦波输出。

3）调整信号源输出幅度，如图 6-8 所示，使电压测试万用表（右侧）为 3V，记录电流测试万用表（左侧）读数，此时为 9.6mA，填入表6-3中。

注意：在测量中万用表表笔接法不变，而相应的拨盘开关要使用交流电压和交流电流测试档位；此时测量的是信号的有效值。

图 6-6　测量电容

4）按照表6-3，依次调整信号源输出信号的频率，完成表6-3 的测试任务。

注意：由于信号源带负载能力不强，在测试过程的每个频点下，都要调整信号源的输出幅度，使得电压测试万用表始终保持为 3V。如图 6-9 所示，当信号频率为 200Hz 时，电流测试值为 39.3mA。

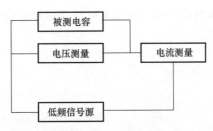

图 6-7 容抗测试原理框图

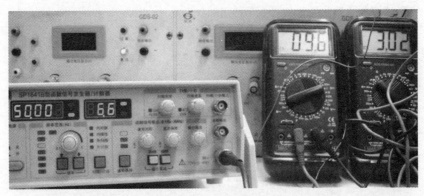

图 6-8 50Hz 容抗测试图

图 6-9 200Hz 容抗测试图

5）根据 $X_C = \dfrac{U_X}{I_X}$，计算各频点的容抗值，并填入表 6-3 中。

表 6-3 容抗测试表格

频率/Hz	50	100	150	200	250	300	350	400	450	500
电压/V	3.0	3.0	3.0	3.0	3.0	3.0	3.0	3.0	3.0	3.0
电流/mA										
容抗/Ω										
理论容抗/Ω										

6）根据理论公式 $X_C = \dfrac{1}{\omega C} = \dfrac{1}{2\pi f C}$，计算相应各频点的理论容抗值，填入表 6-3 中，并与实际测量值进行比对。

7）根据表6-3的测试数据，完成容抗测试曲线，如图6-10所示。其中，横坐标为各点的频率（已经标出），纵坐标为容抗值，根据实际测试结果确定。

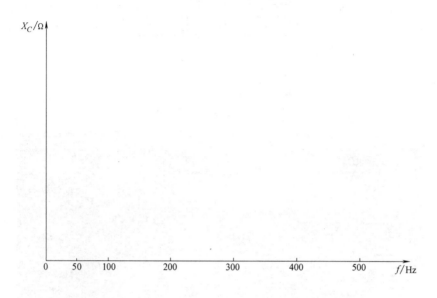

图6-10　容抗测试曲线

认识莱顿瓶

莱顿瓶（见图6-11）是一种用以储存静电的装置，慕欣布罗克在荷兰的莱顿试用。作为原始形式的电容器，莱顿瓶曾被用来作为电学实验的供电来源，也是电学研究的重大基础。莱顿瓶的发明，标志着对电的本质和特性进行研究的开始。莱顿瓶，被称为人类历史上的第一只电容器。

人们对电现象的初步认识很早就有记载，早在公元前585年，古希腊哲学家塞利斯已经发现了摩擦过的琥珀能吸引碎草等轻小物体。在我国东汉时期，王充在《论衡》一书中提到"顿牟掇芥"等问题，所谓顿牟就是琥珀，掇芥意即吸引籽菜，就是说摩擦琥珀能吸引轻小物体；还有"元始中（公元三年）……矛端生火"，即金属制的矛的尖端放电的记载。晋朝（公元三世纪）还有关于摩擦起电引起放电现象的记载："今人梳头，解著衣，有随梳解结，有光者，亦有声"。

1660年，马德堡的盖利克发明了第一台摩擦起电机，他用硫黄制成形如地球仪的可转动物体，用干燥的手掌擦着干燥的球体使之停止可获得电，盖利克的摩擦起电机经过不断改进，在静电实验中起着非常重要的作用。早期的静电仪器如图6-12所示。

其中，图6-12a为早期的静电产生器，转盘只有一个，只靠一个金属片和圆环之间的摩擦生电。

图6-12b中有两个转盘，每一盘有两片金属片，在A处的软针摩擦生电及感应的电量在B处被收集。图上尚可看到两个莱顿瓶来收集电荷。

图6-12c为完成期的静电发生器。

1745年，德国牧师克莱斯脱，试用一根钉子把电引到瓶子里去，当他一手握瓶，一手摸钉子时，受到了明显的电击。

1746年，荷兰莱顿城莱顿大学的教授慕欣布罗克无意中发现了同样的现象。就这样，慕欣布罗克公布了自己意外的发现：把带电的物体放进玻璃瓶里，就可以把电保存起来。他的发现使电学史上第一个保存电荷的容器诞生了。它是一个玻璃瓶，瓶里瓶外分别贴有锡箔，瓶里的锡箔通过金属链跟金属棒连接，棒的上端是一个金属球。由于它是在莱顿城发明的，1746年它登上法国皇家科学院学报，之后，一位法国物理学家诺莱特将其命名为莱顿瓶，这就是最初的电容器。

莱顿瓶很快在欧洲引起了强烈的反响，电学家们不仅利用它们做了大量的实验，而且做了大量的示范表演，其中最壮观的是法国人诺莱特在巴黎一座大教堂前所作的表演。诺莱特邀请了路易十五的皇室成员临场观看莱顿瓶的表演，他让七百名修道士手拉手排成一行，队伍全长达900ft（1ft = 0.3048m）。接着，他令助手拿来摩擦起电机，手摇把柄，向莱顿瓶充电。然后，他让排头的修道士手捧玻璃瓶，再令排尾的修道上用手去握住莱顿瓶中央金属棒引出的导线，就在修道士握住这导线的瞬间，蓦然一声"噼啪"响，700名修道上同时跳了起来，一个个吓得面如土色（见图6-13），在场的人无不为之目瞪口呆，诺莱特以令人信服的证据向人们展示了电的巨大威力。

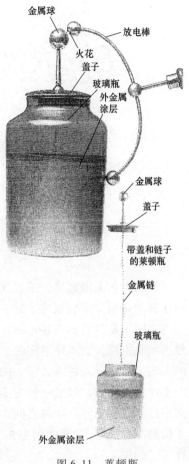

图6-11　莱顿瓶

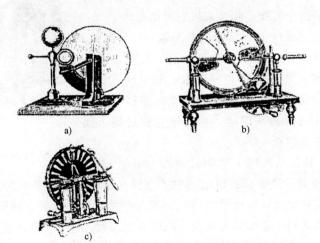

图6-12　早期的静电仪器

图 6-13　巴黎大教堂莱顿瓶实验

　　莱顿瓶声名大振之后，迅速向世界各地传播。从欧洲大陆往东传到了日本，向西传到了美国东部的费城，莱顿瓶成了第一个迅速全球化的新发明，尽管其原理当时还不为人所知。

　　本杰明·富兰克林（Benjamin Franklin，1706—1790），是一大堆头衔的拥有者，而我们最熟悉的是雷雨天放风筝的记忆，如图 6-14 所示。据说富兰克林将一把铜钥匙，系在风筝线的末端，风筝升入雷雨云层，闪电在风筝附近闪烁，雷声隆隆。一道闪电掠过，风筝线上有一小段直立起来，像被一种看不见的力移动着。富兰克林突然觉得他的手有麻木的感觉，就把手指靠近铜钥匙，顷刻之间，铜钥匙上射出一串火花。富兰克林大叫一声，赶紧把手远离了钥匙。他喊到："我受到电击了！现在可以证明，闪电就是电"。随后，他还用莱顿瓶储存了"闪电"。

　　这本应该是 18 世纪科学史上最著名的一幕，英雄般的富兰克林勇往直前，而且受到上帝的眷顾毫发无伤，他最终证明闪电就是电——"lightning is electricity！"。不过事实上，富兰克林设计了这个实验，却从未将它付诸实践。

　　更可靠的说法是，在巴黎北部的一个小镇——马利镇，勒克莱尔和他的朋友完成了这个实验。他们一起竖起了一根超过 12m 的金属杆，将它固定在三个木支架中间，如图 6-15 所示，金属杆底部安插在一个空酒瓶里。按照富兰克林的实验原理——用长杆捕获闪电，然后把它输送到下面储存在酒瓶里，就像莱顿瓶一样。

图 6-14　风筝实验

　　1753 年 5 月 23 日，马利镇上空阴云密布。中午 12 点 20 分，苍穹骤开，随着一声惊雷，闪电击中了金属杆顶部。勒克莱尔的一个助手跑到瓶子前，一声巨响，火花在金属杆和他手指间只一闪，便散发出一股硫黄味道，灼烧着他的手。火花揭示了闪电的真面目，它和人为制造出的电并无二致，这是里程碑式的一刻。人类掀开了大自然神秘的面纱，而上帝亲创的自然现象也已被人类掌握。

　　颇具经济眼光的富兰克林对实验进行了如下总结：电就像银行里的钱一样，当它被借入时电量是正的，叫做"正电"；被贷出时电量为负，也就是"负电"。在他看来，莱顿瓶的问题就像账户管理，富兰克林的想法是：每个物体周围环绕着一个带电的环境，所以，它们都有一定量的带电流体环伺，大自然总是有秩序的，因此正电和负电总会试图相互中和以达到平衡。富兰克林认为，电的本质就是正电荷流动，试图中和负电荷的过程，他相信这个简单的道理。

尽管富兰克林对"正电"和"负电"的定义并不正确，但这个提法被一直保留下来。从那时开始，人类已经可以捕获闪电，这个大自然神秘的力量正等待着人类去开发利用。

图 6-15　捕捉闪电

 总结

一、分析与思考

测试容抗后的结果与理论计算值有差距，分析造成误差的原因。

答：

二、收获与体会

答：

项目七 测试组合元件交流电路

团队名称：＿＿＿＿＿＿＿ 团队成员：＿＿＿＿＿＿＿＿＿＿ 执行时间：＿＿＿＿＿＿＿

 目标

了解电感和电阻串联后的交流电路特性

了解电容和电阻串联后的交流电路特性

熟练掌握信号源和万用表的使用

能够完成对实验数据的分析和处理

1. 基本知识点：电感与电阻串联的电路特性

　　　　　　　电容与电阻串联的电路特性

　　　　　　　感抗容抗随频率变化的特性

　　　　　　　电压三角形和电流三角形

2. 基本技能点：能够正确使用交流信号源

　　　　　　　能够利用数字、万用表测量电压、电流

　　　　　　　能够分析实验数据

 **实施**

一、前期材料准备

本项目所使用的设备主要有：交流信号源，数字万用表两块，被测电阻 $R = 1\text{k}\Omega$ 两只，$R = 200\Omega$ 一只；被测电感 $L = 10\text{mH}$ 一只，$L = 100\text{mH}$ 一只；被测电容 $C = 0.1\mu\text{F}$ 一只；连接导线若干。在项目实施前后，要对使用仪表和设备进行检查，完成表 7-1。

表 7-1　实验仪表设备检查表

名　称	规　格　描　述	使用前状况	使用后状况	备注
交流信号源				
数字万用表				
电感				
电容				
电阻				
连接线				

二、基本理论讲解

1. 电阻与电感串联

分析串联电路有一个原则就是电流唯一，图 7-1 所示电路中通过电阻 R 和电感 L 的电流

i 相同。根据前面单元所得到的结论，对 RL 串联电路的相量分析如图 7-2 所示。

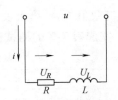

图 7-1　RL 串联电路

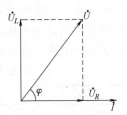

图 7-2　RL 串联电路相量图

假设通过电路的电流为 $i = I_{\mathrm{m}}\sin\omega t$，电阻两端电压为 $u_R = I_{\mathrm{m}}R\sin\omega t = U_{Rm}\sin\omega t$；电感两端电压为 $u_L = I_{\mathrm{m}}XL\sin\left(\omega t + \dfrac{\pi}{2}\right) = U_{Lm}\sin\left(\omega t + \dfrac{\pi}{2}\right)$。

根据串联电路的性质，电路的总电压等于电阻电压和电感电压之和，即 $u = u_R + u_L$。

RL 串联电路总电压相量应该是两个分电压的相量和，即 $\dot U = \dot U_R + \dot U_L$。

根据电流相同的原则，以电流方向水平向右为参考方向，电阻两端电压与电流同相位，电感两端电压超前电流 $90°$，运用平行四边形法则即可得出总电压。

由于这三个电压构成了一个直角三角形，如图 7-3 所示，所以总电压的有效值可以通过勾股定理计算出来：$U = \sqrt{U_R^2 + U_L^2}$。

2. 电阻与电容串联

用一个电阻 R 和一个电容 C 串联在一起，接在交流电源上，可以构成 RC 串联电路。实际应用当中，经常可以看到这种电路形式（如移相电路、过电压保护电路、充放电电路等），如图 7-4 所示。

这种电路的分析方法和上面讨论过的 RL 串联电路一致。需要注意的是，电感两端的电压相位超前电流 $90°$，而电容两端的电压相位滞后电流 $90°$。因此，RC 串联电路的电压三角形的方向应该是向下的，如图 7-5 所示。

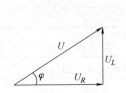

图 7-3　RL 电压三角形

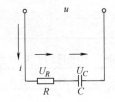

图 7-4　RC 串联电路

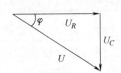

图 7-5　RC 电压三角形

总电压的有效值依然可以通过勾股定理计算出来：$U = \sqrt{U_R^2 + U_C^2}$。

在测量组合元件串联交流电路特性中，请特别注意与电阻串联电路的区别，这样更有利于掌握新知识。

三、任务分解实施

（一）测量 RL 串联电路

【规范操作指导】

1）按图 7-6 连接电路。选择电感 $L = 10\mathrm{mH}$，电阻 $R = 1\mathrm{k}\Omega$，测量 RL 串联电路。

2）交流信号源输出选择 100Hz 的正弦波。

3）利用万用表交流电压测试档位，确定输出信号的有效值为 4V。

4）分别测量电感两端的电压有效值 U_L 和电阻两端的电压有效值 U_R，填入表 7-2。

5）按照表 7-2 的要求，依次调整信号源输出信号的频率，完成表 7-2 的测试任务。

表 7-2　*RL* 串联电路测试表（一）　　　　　　　　　　　$L = 10\text{mH}$

总电压/V	4.0	4.0	4.0	4.0	4.0	4.0	4.0	4.0	4.0
频率/kHz	0.1	0.2	0.3	0.4	0.5	0.6	0.7	0.8	0.9
U_L/V									
U_R/V									
频率/kHz	1.0	1.1	1.2	1.3	1.4	1.5	1.6	1.7	1.8
U_L/V									
U_R/V									
频率/kHz	1.9	2.0	2.1	2.2	2.3	2.4	2.5	2.6	2.7
U_L/V									
U_R/V									

6）选择 $L = 100\text{mH}$ 的电感再次进行测试，完成表 7-3 的内容。

表 7-3　*RL* 串联电路测试表（二）　　　　　　　　　　　$L = 100\text{mH}$

总电压/V	4.0	4.0	4.0	4.0	4.0	4.0	4.0	4.0	4.0
频率/kHz	0.1	0.2	0.3	0.4	0.5	0.6	0.7	0.8	0.9
U_L/V									
U_R/V									
频率/kHz	1.0	1.1	1.2	1.3	1.4	1.5	1.6	1.7	1.8
U_L/V									
U_R/V									
频率/kHz	1.9	2.0	2.1	2.2	2.3	2.4	2.5	2.6	2.7
U_L/V									
U_R/V									

注意：由于信号源带负载能力不强，在测试过程的每个频点下，都要调整信号源的输出幅度，使得总电压测试值始终保持为 4V。如图 7-7 所示，当信号频率为 1000Hz 时，信号源输出为 4V，电阻电压测试值为 3.29V。

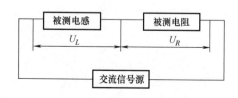

图 7-6　*RL* 串联测试原理图　　　　　　　　　　图 7-7　*RL* 串联测试 1kHz 结果

7）比较表 7-2 和表 7-3 的测量结果，你发现了什么？

8）根据表 7-3 测试数据，完成 *RL* 串联电路测试曲线图 7-8。其中，横坐标为各频率点；纵坐标为电压值，已经标出总电压值为 4V，分别作出 U_L 和 U_R 的有效值曲线，并标明这两条曲线。

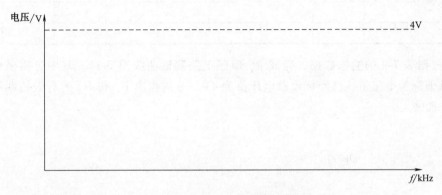

图 7-8　*RL* 串联电路测试曲线图

（二）测量 *RC* 串联电路

【规范操作指导】

1）按图 7-9 连接电路。选择电容 $C = 0.1\mu F$，电阻 $R = 1k\Omega$，测量 *RC* 串联电路。

2）交流信号源输出选择 100Hz 的正弦波。

3）利用万用表交流电压测试档位，确定输出信号的有效值为 4V。

4）分别测量电容两端的电压有效值 U_C 和电阻两端的电压有效值 U_R，填入表 7-4。

5）按照表 7-4 的要求，依次调整信号源输出信号的频率，完成表 7-4 的测试任务。

注意：由于信号源带负载能力不强，在测试过程的每个频点下，都要调整信号源的输出幅度，使得总电压测试值始终保持为 4V。如图 7-10 所示，当信号频率为 1000Hz 时，信号源输出为 4.0V，电阻电压测试值为 2.06V。

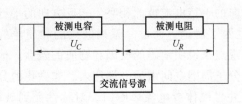

图 7-9　*RC* 串联测试原理图

图 7-10　*RC* 串联测试 1kHz 结果

表 7-4 *RC* 串联电路测试表

总电压/V	4.0	4.0	4.0	4.0	4.0	4.0	4.0	4.0	4.0
频率/kHz	0.1	0.2	0.3	0.4	0.5	0.6	0.7	0.8	0.9
U_C/V									
U_R/V									
频率/kHz	1.0	1.1	1.2	1.3	1.4	1.5	1.6	1.7	1.8
U_C/V									
U_R/V									
频率/kHz	1.9	2.0	2.1	2.2	2.3	2.4	2.5	2.6	2.7
U_C/V									
U_R/V									

6）根据表 7-4 的测试数据，完成 *RC* 串联电路测试曲线图 7-11。其中，横坐标为各频率点；纵坐标为电压值，已经标出总电压值为 4V，分别作出 U_L 和 U_R 的有效值曲线，并标明这两条曲线。

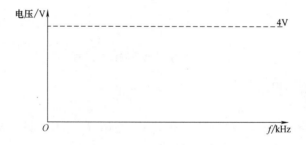

图 7-11 *RC* 串联电路测试曲线图

认 识 安 培

安德烈·玛丽·安培（见图 7-12）是法国著名物理学家，他在数学和化学方面也做出了贡献，比如他曾研究过概率论和积分偏微分方程，也认识到元素氯和碘等。

安培最主要的成就是 1820 ~ 1827 年对电磁作用的研究。1820 年 7 月，当奥斯特发表关于电流磁效应的论文后，安培报告了他的实验结果：通电的线圈与磁铁相似。9 月 25 日，他报告了两根载流导线存在相互影响，即相同方向的平行电流彼此相吸，相反方向的平行电流彼此相斥；并对两个线圈之间的吸引和排斥也做了讨论。通过一系列经典的和简单的实验，他认识到磁是由运动的电产生的。他用这一观点来说明地磁的成因和物质的磁性。他提出分子电流假说：电流从分子的一端流出，通过分子周围空间由另一端注入；非磁化的分子的电流呈均匀对称分布，对外不显示磁性；当受外界磁体或电流影响时，对称性受到破坏，显示出宏观磁性，这时分子就被磁化了。

在科学高度发展的今天，安培的分子电流假说已成为认识物质磁性的重要依据。为了进一步说明电流之间的相互作用，1821~1825年，安培做了关于电流相互作用的四个精巧的实验，并运用高度的数学技巧于1826年总结出电流元之间作用力的定律，描述两电流元之间的相互作用同两电流元的大小、间距以及相对取向之间的关系。后来人们把这个定律称为安培定律。

图7-12　安培

1827年，安培将他的电磁现象的研究综合在《电动力学现象的数学理论》一书中，这是电磁学史上一部重要的经典论著，对以后电磁学的发展起了深远的影响。此外，安培还发现，电流在线圈中流动的时候表现出来的磁性和磁铁相似，创制出第一个螺线管，在这个基础上发明了探测和量度电流的电流计。

为了纪念安培在电学上的杰出贡献，电流的国际单位安培是以他的姓氏命名的。法国电气公司于1975年为纪念物理家安培（1775~1836）诞生200周年而设立巴黎科学院奖，每年授奖一次，奖励一位或几位在纯粹数学、应用数学或物理学领域中研究成果突出的法国科学家。

▶ 总结

一、分析与思考

1. 根据 RL 串联电路测试结果（表7-3），分别绘制在 0.5kHz、1.0kHz 和 1.5kHz 三个频率下的电压三角形相量图并进行比较，分析造成误差的原因。

答：

2. 根据 RC 串联电路测试结果（表7-4），分别绘制在 0.5kHz、1.0kHz 和 1.5kHz 三个频率下的电压三角形相量图并进行比较，分析造成误差的原因。

答:

二、收获与体会

答:

1. 零输入响应

在本项目的实践中，我们选用的是正弦交流信号来测试 RC 串联电路的特性，如果选择方波信号，同样在 RC 串联电路中，将实现对于电容的充电和放电。

如图 7-13 所示，初始状态下，电容 C 储存了一定的电量，当开关 S 闭合时，电路接通，电容作为电源开始向电阻供电，这就是零输入响应。它是指系统无外加激励，仅由系统的初始储能产生的响应。

此时电路中的电流 i，以及电容两端的电压 U_C，都以同一指数规律衰减，如图 7-14 所示，衰减快慢取决于 RC 的乘积。

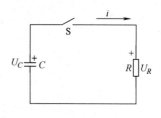

图 7-13　零输入响应

令 $\tau = RC$，称 τ 为电路的时间常数。

时间常数 τ 的大小反映了电路过渡过程时间的长短。τ 的单位是 s。

$$[\tau] = [RC] = [欧姆] \cdot [法拉] = [欧姆] \cdot \left[\frac{库仑}{伏特}\right] = \left[\frac{伏特}{安培}\right] \cdot \left[\frac{安培 \cdot 秒}{伏特}\right] = [秒]$$

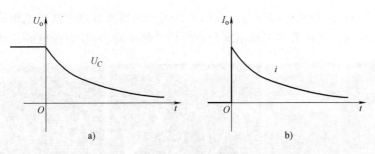

图 7-14　零输入响应的电压与电流特性曲线

τ 大则过渡过程时间长；τ 小则过渡过程时间短。

在电压的初值一定时，C 越大（R 不变），则储能越大，放电的时间越长；R 越大（C不变），则放电电流越小，放电的时间越长。

电容不断释放能量，能量不断被电阻吸收，直到全部消耗完毕。工程上一般认为，经过 $3\tau \sim 5\tau$ 的时间，放电完毕，过渡过程结束。

2. 零状态响应

所谓零状态，是指系统没有初始储能，系统的初始状态为零，这时仅由系统的外加激励所产生的响应称为零状态响应。零状态响应的典型例子就是给电容充电，如图 7-15 所示。

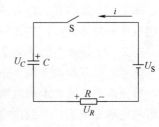

图 7-15　零状态响应

电容 C 在初始状态时没有储能，当开关 S 闭合时，电路接通，此时电流开始给电容充电。电源所提供的能量中，一部分消耗在电阻上，另一部分被电容储存起来。电容两端的电压值和电路中的电流值都遵循指数函数规律变化，如图 7-16 所示。

电容两端电压 U_C 持续增加，最终无限逼近电源电压值 U_S；而随着 U_C 的增加，电流逐渐减少，最终无限接近于零。

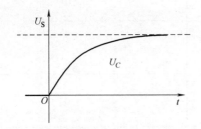

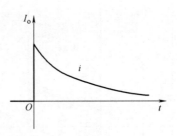

图 7-16　零状态响应的电压与电流特性曲线

时间函数 τ 依然决定着过渡过程时间的长短。在电源电压一定时，C 越大（R 不变），则储能越大，需要充电的时间越长；R 越大（C 不变），则充电电流越小，充电的时间也会越长。

充电与放电是一个相对的过程，经过 $3\tau \sim 5\tau$ 的时间，可以实现完全充电。

3. 电容的充放电实验

如图 7-15 所示，如果开关始终闭合，而电源选择为一个交流方波信号源，这样对于电

项目七　测试组合元件交流电路

75

路中的电容就将持续进行充电和放电，我们可以用示波器观察电容两端电压的变化情况。

如图 7-17 所示，电源采用三种不同的方波信号频率时，RC 充放电的三种典型波形。

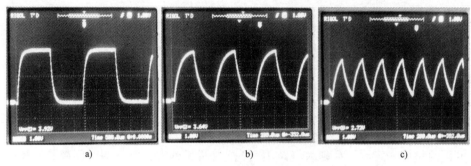

图 7-17　RC 充放电典型波形

图 7-17a 是典型的完全充放电波形，输入方波信号频率低，电容有充足的时间来充电和放电，可以和方波信号的峰峰值保持一致。

图 7-17b 是临界充放电波形，由于输入信号的频率升高，电容充放电时间较短，当电容充电电压勉强达到方波电压时，电路却开始放电，形成这样的波形。

图 7-17c 是典型的不完全充放电波形，由于输入信号频率进一步升高，充放电时间更短，电容电压既没有充满，也无法完全释放。

按照表 7-5 所要求的电路参数进行配置，利用示波器观察并描绘 U_C 波形，并自选两组电阻和电容完成表 7-5 的内容。

注意测试过程中保持方波信号的幅度不变，保持示波器垂直分辨率不变。

表 7-5　电容充放电测试表

电阻值	电容值	时间常数 τ	方波频率	U_C 波形描绘
1kΩ	0.1μF	0.1ms	500Hz	
			2kHz	
			5kHz	

项目八 测试串联谐振电路

团队名称：＿＿＿＿＿＿＿团队成员：＿＿＿＿＿＿＿＿＿＿＿执行时间：＿＿＿＿＿＿

 目标

了解正弦交流串联谐振电路的基本状态

掌握正弦交流电路的基本分析方法

利用电流谐振曲线寻找谐振点

学习使用基本测量仪表

1. 基本知识点：串联谐振的电路特性

　　　　　　　品质因数的概念

　　　　　　　发生谐振的条件

2. 基本技能点：能够正确使用交流信号源和示波器

　　　　　　　能够利用数字万用表测量电压、电流

　　　　　　　能够测量谐振点

　　　　　　　能够分析实验数据

 **实施**

一、前期材料准备

本项目所使用的设备主要有：低频信号源一台，数字示波器一台，连接导线若干；20Ω
电阻、100Ω 电阻各一只；40mH 电感一只，1μF 电容一只。在项目实施前后，对使用的仪
表和设备进行检查，完成表 8-1。

表 8-1　实验仪表设备检查表

名　　称	规格描述	使用前状况	使用后状况	备注
低频信号源				
数字示波器				
电阻				
电感				
电容				
连接导线				

二、基本理论讲解

1. 谐振的概念

谐振是正弦电路在特定条件下所产生的一种特殊物理现象，谐振现象在无线电和电工技

术中得到广泛应用，对电路中谐振现象的研究有重要的实际意义。

含有 R、L、C 的一端口电路，如图 8-1 所示，在特定条件下出现端口电压、电流同相位的现象时，称电路发生了谐振。谐振发生时，电路将成为纯电阻电路。

2. 串联谐振

（1）发生串联谐振的条件

将电阻、电容和电感元件串联在电路中，如图 8-2 所示，发生串联谐振的条件是 $X_L = X_C$。显然，发生谐振的条件只和电路的参数有关，其中

谐振角频率 $\omega_0 = \dfrac{1}{\sqrt{LC}}$

谐振频率 $f_0 = \dfrac{1}{2\pi\sqrt{LC}}$

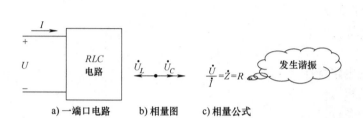

a) 一端口电路　　b) 相量图　　c) 相量公式

图 8-1　谐振概念示意图

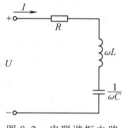

图 8-2　串联谐振电路

（2）实现串联谐振的方式

当电路的 L、C 不变时，改变电源频率可实现串联谐振。

ω_0 由电路本身的参数决定，一个 RLC 串联电路只能有一个对应的 ω_0，当外加频率等于谐振频率时，电路发生谐振。

（3）串联电路发生谐振时的特点

1）电压与电流同相位，输入端的阻抗为纯电阻，电路中的阻抗值为最小，电流达到最大值，$I_0 = U/R$（U 一定）。

2）LC 上的电压大小相等、相位差 $180°$，串联总电压为零，也称为电压谐振，即有 $\dot U_L + \dot U_C = 0$，LC 相当于短路。

3. 品质因数

品质因数 Q 是反映谐振回路特性的参数，它由电路中的 RLC 特性决定。

$$Q = \frac{\omega_0 L}{R} = \frac{1}{R}\sqrt{\frac{L}{C}}$$

品质因数还是反映电路中电磁振荡程度的量。品质因数越大，总的能量就越大，维持一定量的振荡所消耗的能量越小，振荡程度就越剧烈，则振荡电路的"品质"越好。一般来讲，在要求发生谐振的回路中，总希望尽可能提高 Q 值。

4. 谐振特性曲线

对于 RLC 串联电路而言，电阻元件的阻抗不随频率变化而变化，电感元件的感抗随频率升高呈现线性增长，电容元件的容抗随频率升高而反比例降低，于是串联总阻抗 $Z = \sqrt{R^2 + (X_L - X_C)^2}$。阻抗谐振特性曲线如图 8-3 所示。

在谐振频点 ω_0，感抗值与容抗值大小相等，此时总阻抗值最小，电流最大。对于不同品质因数的串联谐振电路而言，其电流谐振特性曲线如图 8-4 所示。

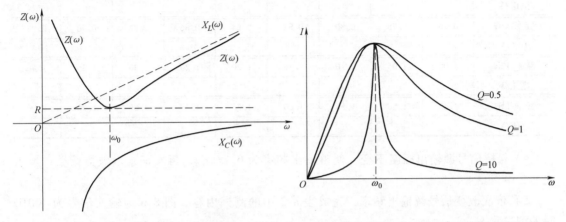

图 8-3　阻抗谐振特性曲线　　　图 8-4　不同品质因数的电流谐振特性曲线

三、任务分解实施

（一）测试串联电路谐振频率

[规范操作指导]

1）按图 8-2 连接电路。

2）计算理论谐振频率点：

$$f_0 = \frac{1}{2\pi\sqrt{LC}} = \frac{1}{2\pi\sqrt{40\times10^{-3}\times1\times10^{-6}}} = \underline{}$$

3）信号源输出正弦波频率为 0.1kHz，峰峰值为 10V。如图 8-5 所示，利用示波器测量电阻两端电压，将结果（峰峰值）填入表 8-2 中。

图 8-5　串联谐振 100Hz 实验电路

表 8-2　串联谐振测试数据表（一）

频率/kHz	0.10	0.15	0.20	0.25	0.30	0.32	0.34	0.36	0.38
电压/V									
频率/kHz	0.40	0.42	0.44	0.46	0.48	0.50	0.52	0.54	0.56
电压/V									

（续）

频率/kHz	0.58	0.60	0.62	0.64	0.66	0.68	0.70	0.72	0.74
电压/V									
频率/kHz	0.76	0.78	0.80	0.82	0.84	0.86	0.88	0.90	0.95
电压/V									
频率/kHz	1.00	1.05	1.10	1.15	1.20	1.25	1.30	1.35	1.40
电压/V									
频率/kHz	1.45	1.50	1.55	1.60	1.65	1.70	1.80	1.90	2.00
电压/V									

4）保持信号源输出幅度不变，调整输出频率为 0.15kHz，再次记录示波器读数，填入表8-2中。

5）依次改变信号源输出频率，完成表8-2中的测试内容。图8-6为输入信号为400Hz时的测试状态。

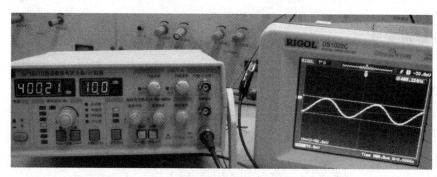

图8-6　串联谐振400Hz实验电路

6）在示波器显示最大值对应的频率附近，减小频率步进间隔，仔细搜索谐振点，找到示波器显示最大值，确定谐振频率，如图8-7所示。

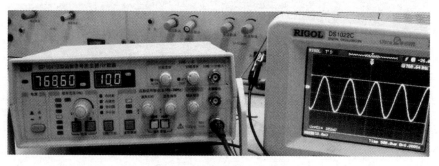

图8-7　串联谐振点实验

（二）测试不同品质因数的谐振曲线

[规范操作指导]

1）计算理论品质因数：

$$Q_1 = \frac{\omega_0 L}{R_1} = \frac{1}{R_1}\sqrt{\frac{L}{C}} = \frac{1}{100}\sqrt{\frac{40 \times 10^{-3}}{1 \times 10^{-6}}} = \underline{\hspace{4cm}}$$

$$Q_2 = \frac{\omega_0 L}{R_2} = \frac{1}{R_2}\sqrt{\frac{L}{C}} = \frac{1}{20}\sqrt{\frac{40 \times 10^{-3}}{1 \times 10^{-6}}} = \underline{\hspace{5cm}}$$

2）按图 8-5 连接电路，选择 $R = 20\Omega$。

3）信号源输出正弦波频率为 0.1kHz，峰峰值为 10V。用示波器测量电阻两端电压，将结果（峰峰值）填入表 8-3 中。

4）保持信号源输出幅度不变，调整输出频率为 0.15kHz，再次记录示波器读数，填入表 8-3 中。

5）依次改变信号源输出频率，完成表 8-3 中的测试内容。

6）在示波器显示最大值对应的频率附近，减小频率步进间隔，仔细搜索谐振点，找到示波器显示最大值，确定谐振频率。

7）分析比较两个实验结果的异同。

表 8-3　串联谐振测试数据表（二）

频率/kHz	0.10	0.15	0.20	0.25	0.30	0.32	0.34	0.36	0.38
电压/V									
频率/kHz	0.40	0.42	0.44	0.46	0.48	0.50	0.52	0.54	0.56
电压/V									
频率/kHz	0.58	0.60	0.62	0.64	0.66	0.68	0.70	0.72	0.74
电压/V									
频率/kHz	0.76	0.78	0.80	0.82	0.84	0.86	0.88	0.90	0.95
电压/V									
频率/kHz	1.00	1.05	1.10	1.15	1.20	1.25	1.30	1.35	1.40
电压/V									
频率/kHz	1.45	1.50	1.55	1.60	1.65	1.70	1.80	1.90	2.00
电压/V									

（三）绘制谐振曲线

[规范操作指导]

1）按照表 8-2 和表 8-3 中数据绘制谐振特性曲线，将两条曲线同时绘制在图 8-8 中。

2）横坐标为频率值（已经标出），纵坐标为电压值，需要根据自己的实际测试结果确定。

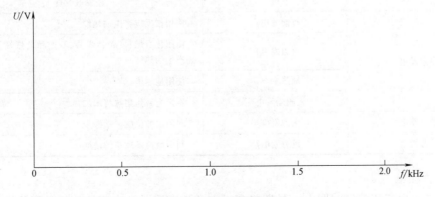

图 8-8　串联谐振特性曲线

远 程 输 电

1. 发电厂

19世纪70年代，欧洲进入了电力革命时代，不仅大企业，就连小工厂也都纷纷采用新的动力——电能。最初，一台发电机设备只供应一栋房子或一条街上的照明用电，人们称这种发电站为"住户式"电站，发电量很小。随着电力需求的增长，人们开始提出建立电力生产中心的设想。电机制造技术的发展，电能应用范围的扩大，生产对电的需要的迅速增长，发电厂随之应运而生。

发电厂的发展起始于直流发电站。1881年美国的著名发明家爱迪生开始筹建中央发电厂，1882年总共有两座初具规模的发电厂投产。目前大部分商业运转中的发电厂，都是基于电磁感应的原理，借由外力不断地推动感应线圈，产生感应电流的发电机组。而推动的力量，可以是水的位能，或是经由燃烧燃料所产生的热能，藉以煮沸水产生蒸汽，或是以风力推动。因此区别发电厂的种类，通常可以燃料或动力种类做区别，见表8-4。目前，以核燃料为能源的核电站已在世界许多国家发挥越来越大的作用，图8-9为核电站内部工作示意图。

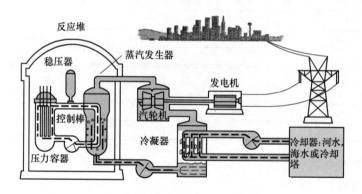

图8-9 核电站内部工作示意图

表8-4 发电厂类型

动力种类	发电厂	发电原理
热力发电	核能发电厂	使用核反应产生的热能
	火力发电厂	使用化石燃料(包括煤炭、石油和天然气等)经由燃烧产生的热能
	地热发电厂	使用地热能
	太阳能发电厂	将阳光聚焦集热将水加热
水力发电	水力发电厂	利用水的位能转动能
风力发电	风力发电厂	利用风推动风车的动能

2. 远程输电

在电力的生产和输送问题上，早期曾有过究竟是直流还是交流的长年激烈争论。爱迪生主张用直流，人们也曾想过各种方法，扩大直流电的供电范围，使中小城市的供电情况有了明显改善。但对大城市的供电，经过改进的直流电站仍然无能为力，代之而起的是交流电站的建立，因为要作远程供电，就需增高电压以降低输电线路中的电能损耗，然后又必须用变压器降压才能送至用户端。直流变压器十分复杂，而交流变压器则比较简单，没有运动部件，维修也方便。

远程输电是用变压器将发电机发出的电压升压后，再经断路器等控制设备接入输电线路来实现的。按结构形式，输电线路分为架空输电线路和电缆线路。架空输电线路由线路杆塔、导线、绝缘子、线路金具、拉线、杆塔基础、接地装置等构成，架设在地面之上，如图8-10所示。

图 8-10　架空输电线路

输电的基本过程是创造条件使电磁能量沿着输电线路的方向传输。线路输电能力受到电磁场及电路的各种规律的支配。以大地电位作为参考点（零电位），线路导线均需处于由电源所施加的高电压下，称为输电电压。

输电线路在综合考虑技术、经济等各项因素后所确定的最大输送功率，称为该线路的输送容量。输送容量大体与输电电压的二次方成正比。因此，提高输电电压是实现大容量或远距离输电的主要技术手段，也是衡量输电技术发展水平的主要标志。

从发展过程看，输电电压等级大约以两倍的关系增长。当发电量增至4倍左右时，即出现一个新的更高的电压等级。

通常将 35~220kV 的输电线路称为高压线路（HV），330~750kV 的输电线路称为超高压线路（EHV），750kV 以上的输电线路称为特高压线路（UHV）。一般地说，输送电能容量越大，线路采用的电压等级就越高。采用超高压输电，可有效地减少线损，降低线路单位造价，少占耕地，使线路走廊得到充分利用。我国第一条世界上海拔最高的"西北750kV输变电示范工程"——青海官亭至甘肃兰州东750kV输变电工程，于2005年9月26日正式投入运行。

"1000kV 交流特高压试验示范工程"——晋东南—南阳—荆门 1000kV 输电线路工程，于 2006 年 8 月 19 日开工建设。该工程起自晋东南 1000kV 变电站，经南阳 1000kV 开关站，止于荆门 1000kV 变电站，线路路径全长约 651km。

3. 变电站

为了把发电厂发出来的电能输送到较远的地方，必须首先把电压升高，变为高压电，到用户附近再按需要把电压降低，这种升降电压的工作靠变电站来完成。最终到达用户时，再利用变压器完成电压变换。

变电站是电力系统中变换电压、接受和分配电能、控制电力的流向和调整电压的电力设施，它通过其变压器将各级电压的电网联系起来。变电站起变换电压作用的设备是变压器，除此之外，变电站的设备还有开闭电路的开关设备、汇集电流的母线、计量和控制用互感器、仪表、继电保护装置和防雷保护装置、调度通信装置等，有的变电站还有无功补偿设备。在电力系统中，变电站是输电和配电的集结点。变电站主要分为升压变电站、主网变电站、二次变电站和配电站等。图 8-11 是 750kV 大坝电厂贺兰山变电站。

图 8-11 750kV 大坝电厂贺兰山变电站

变压器是变电站的主要设备，分为双绕组变压器、三绕组变压器和自耦变压器（即高、低压每相共用一个绕组，从高压绕组中间抽出一个头作为低压绕组的出线的变压器）。电压高低与绕组匝数成正比，电流则与绕组匝数成反比。

变压器按其作用可分为升压变压器和降压变压器。前者用于电力系统送端变电站，后者用于受端变电站。变压器的电压需与电力系统的电压相适应。为了在不同负荷情况下保持合格的电压，有时需要切换变压器的分接头。

 总结

一、分析与思考

1）分析两条谐振曲线的相同点与不同点。

答：

2）如何更准确地测量谐振频率？

答：

二、收获和体会

答：

 提升

在前面的实验中，我们利用示波器进行测量，并绘制了谐振曲线；如果利用万用表测量，可以收获更为有趣的实验数据。

1）按图 8-12 连接电路。选择电感 $L = 100\text{mH}$，电容 $C = 0.1\mu\text{F}$，电阻 $R = 1\text{k}\Omega$，测量 RLC 串联谐振电路。

2）交流信号源输出选择 300Hz 的正弦波。

3）利用万用表交流电压测试档位，确定输出信号的有效值为 4V。

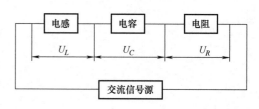

图 8-12　RLC 串联测试原理图

4）分别测量电感电压有效值 U_L，电容电压有效值 U_C 和电阻电压有效值 U_R，填入表 8-5 中。

5）按照表 8-5 的要求，依次调整信号源输出信号的频率，完成表 8-5 的测试任务。

表 8-5　RLC 串联电路电压测试表

总电压/V	4.0	4.0	4.0	4.0	4.0	4.0	4.0	4.0	4.0
频率/kHz	0.30	0.40	0.50	0.60	0.70	0.80	0.90	1.00	1.10
U_L/V									
U_C/V									
U_R/V									
频率/kHz	1.20	1.30	1.40	1.45	1.50	1.55	1.60	1.65	1.70
U_L/V									
U_C/V									
U_R/V									
频率/kHz	1.75	1.80	1.90	2.00	2.10	2.20	2.30	2.40	2.50
U_L/V									
U_C/V									
U_R/V									

6）根据表 8-5 测试数据，完成 RLC 串联电路测试曲线图 8-13。其中，横坐标为各频率点；纵坐标为电压值，已经标出总电压值为 4V，分别作出 U_L、U_C 和 U_R 的有效值曲线，并标明这三条曲线。

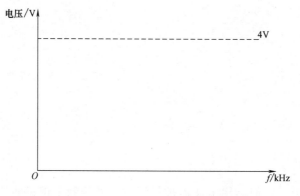

图 8-13　RLC 串联电路测试曲线图

7) 如果将测试电阻调整为200Ω，重复上述测试内容，看看会有什么变化。

特别注意电容和电感上的电压，在某些频点会远远超出4V，如图8-14所示，在1.3kHz 频点测试时，电源电压为4V。但在电容上已经获得了15.06V的电压。电压就这样被放大了吗？试着分析吧。

图 8-14 *RLC* 串联测试 1.3kHz 结果

项目八　测试串联谐振电路

项目九　计量数字万用表交流电压档位

团队名称：_____　团队成员：_____　执行时间：_____

 **目标**

了解计量的意义

掌握万用表交流档位测试原理

设计并测试完成万用表计量报告

熟练使用各种测试仪表

1. 基本知识点：计量与测量的意义

　　　　　　　万用表交流档位的精度

　　　　　　　计量的基本方法

2. 基本技能点：示波器、信号源和万用表的使用

　　　　　　　峰峰值与有效值的换算

　　　　　　　数据测量的处理方法

 **实施**

一、前期材料准备

本项目所使用的设备主要有：可变直流稳压电源（0~15V），1kΩ 负载电阻，连接导线若干，数字万用表，低频信号源，数字示波器。在项目实施前后，对所使用的仪表和设备进行检查，完成表 9-1。

表 9-1　实验仪表设备检查表

名　　称	规格描述	使用前状况	使用后状况	备注
直流稳压电源				
数字万用表				
电阻				
低频信号源(函数信号发生器)				
数字示波器				
连接导线				

二、基本理论讲解

1. 计量与测量

测量（measurement）是指以确定量值为目的的操作。测量是按照某种规律，用数据来

描述观察到的现象，即对事物作出量化描述。测量是对非量化实物的量化过程。

计量（metorolgy）定义为实现单位统一和量值准确可靠的活动。从定义中可以看出，它属于测量，源于测量，而又严于一般测量，它涉及整个测量领域，并按法律规定，对测量起着指导、监督、保证的作用。计量可以简单理解为是对于测试设备的一种测量和校准，利用更加精密的设备来检验常用测量设备的准确程度。

2. 数字万用表

万用表是电工测量中常见的仪表，由于其操作简便、功能强大而被广泛应用。数字万用表对于测试直流电路中的电压、电流和阻抗有着较高精度，通常相对偏差在 0.5% 以下，作为教学实验性仪表，该精度完全能够满足要求。

万用表还可以用来测试交流电的电压和电流，但这样的测量结果是交流电压或电流的有效值。经过理论计算和实践验证，正弦交流电最大值是有效值的 $\sqrt{2}$ 倍，即

$$U_\mathrm{m} = \sqrt{2} U_{有效} \qquad U_{有效} = \frac{1}{\sqrt{2}} U_\mathrm{m}$$

最大值和有效值是从不同的角度来反映交流电信号的强和弱。通常所说的交流电压、电流和电动势的值，如果没有特殊说明都是指有效值；各种电器上所标示的额定电压和额定电流也都是指有效值。

但对于交流电路的测量而言，必然要引入一些非线性器件，这些器件对于不同频率的信号所表现出的性质也不尽相同。对于放大器而言，存在图 9-1 所示的幅频特性曲线，万用表是否也会对不同频率的信号测量出现偏差？如果按照放大器通频带的理论来研究万用表的测试通频带，那现在使用的万用表又可以应用在何种测量任务中呢？这就是本项目要研究的问题，即对万用表交流测试档位的计量。

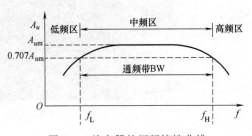

图 9-1　放大器的幅频特性曲线

三、实验电路

要想对某仪表进行计量，就要找到一个计量的标准，现实测试中，至少要有高一个数量级的更精确仪表对其进行计量。根据现有条件，可以用示波器来计量万用表的交流电压档位。

计量原理图如图 9-2 所示。

数字示波器和数字万用表同时测量负载电阻两端的电压，数字示波器显示完整波形，通过测试峰峰值计算电压的有效值；同

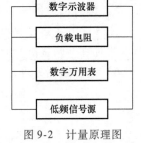

图 9-2　计量原理图

时用数字万用表的交流电压档测试，并对两种测量结果进行比较，分析误差产生的原因。

四、任务分解实施

（一）固定信号源输出计量

[规范操作指导]

1）按图 9-2 连接测试设备，负载电阻为 1kΩ。

2）信号源输出 0.1kHz 的正弦波，峰峰值为 5.0V，如图 9-3 所示。

3）利用数字示波器和数字万用表测量电阻两端的电压，记录数字示波器和数字万用表的显示结果，填入表 9-2 中，如图 9-4 所示。

图 9-3　信号源输出

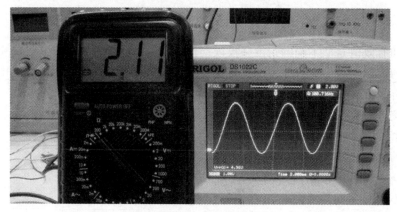

图 9-4　100Hz 校正测试结果

4）在测量结果中，数字示波器测量的为峰峰值，数字万用表测量的为有效值，需要转换。峰峰值为两倍的最大值 U_m，即 $U_{峰峰} = 2U_m = 2\sqrt{2}U_{有效}$，即将数字示波器测量值除以 $2\sqrt{2}$ 后，填入表 9-2 中。

5）保持信号源输出为 5.0V，依次改变信号源输出频率，完成表 9-2 中的测试内容。

注意：由于信号源带负载能力不强，随着信号频率增大，数字示波器显示值将持续变小，此时暂不调整信号源输出，依然保持 5.0V 峰峰值完成测试。

6）进行数据处理：

$$绝对误差 = 数字万用表记录值 - 数字示波器记录值$$

$$相对误差 = \frac{|绝对误差|}{数字示波器记录值} \times 100\%$$

表 9-2　计量数据表（一）

输入频率/kHz	0.1	0.2	0.3	0.4	0.5	0.6	0.7	0.8	0.9	1.0
数字示波器/V										
数字万用表/V										
绝对误差/V										
相对误差（%）										

输入频率/kHz	1.1	1.2	1.3	1.4	1.5	1.6	1.7	1.8	1.9	2.0
数字示波器/V										
数字万用表/V										
绝对误差/V										
相对误差（%）										
输入频率/kHz	2.1	2.2	2.3	2.4	2.5	2.6	2.7	2.8	2.9	3.0
数字示波器/V										
数字万用表/V										
绝对误差/V										
相对误差（%）										
输入频率/kHz	3.1	3.2	3.3	3.4	3.5	3.6	3.7	3.8	3.9	4.0
数字示波器/V										
数字万用表/V										
绝对误差/V										
相对误差（%）										
输入频率/kHz	4.1	4.2	4.3	4.4	4.5	4.6	4.7	4.8	4.9	5.0
数字示波器/V										
数字万用表/V										
绝对误差/V										
相对误差（%）										
输入频率/kHz	5.1	5.2	5.3	5.4	5.5	5.6	5.7	5.8	5.9	6.0
数字示波器/V										
数字万用表/V										
绝对误差/V										
相对误差（%）										

（二）剔除信号源误差后的计量

［规范操作指导］

在任务（一）中，由于信号源带负载能力有限，故而引入了误差，应予以剔除。

1）在本任务中的测量，应该使数字示波器显示结果为固定值，有效值为 1.0V，即峰峰值为 2.82V。以此为基础，重复任务（一）的测量，将结果填入表 9-3 中。

表 9-3　计量数据表（二）

输入频率/kHz	0.1	0.2	0.3	0.4	0.5	0.6	0.7	0.8	0.9	1.0
数字示波器/V										
数字万用表/V										
绝对误差/mV										
相对误差（%）										

（续）

输入频率/kHz	1.1	1.2	1.3	1.4	1.5	1.6	1.7	1.8	1.9	2.0
数字示波器/V										
数字万用表/V										
绝对误差/mV										
相对误差(%)										
输入频率/kHz	2.1	2.2	2.3	2.4	2.5	2.6	2.7	2.8	2.9	3.0
数字示波器/V										
数字万用表/V										
绝对误差/mV										
相对误差(%)										
输入频率/kHz	3.1	3.2	3.3	3.4	3.5	3.6	3.7	3.8	3.9	4.0
数字示波器/V										
数字万用表/V										
绝对误差/mV										
相对误差(%)										
输入频率/kHz	4.1	4.2	4.3	4.4	4.5	4.6	4.7	4.8	4.9	5.0
数字示波器/V										
数字万用表/V										
绝对误差/mV										
相对误差(%)										
输入频率/kHz	5.1	5.2	5.3	5.4	5.5	5.6	5.7	5.8	5.9	6.0
数字示波器/V										
数字万用表/V										
绝对误差/mV										
相对误差(%)										

2）如图9-5所示，在500Hz信号输入时，当数字示波器显示峰峰值为2.84V时，数字万用表测试有效值为1.007V，绝对误差为0.007V，即相对误差为0.7%。

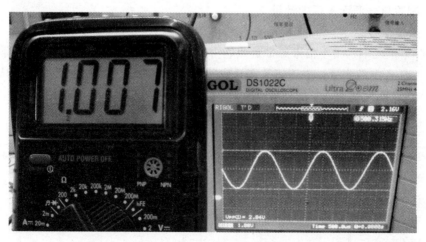

图9-5 500Hz校正测试结果

3）根据表9-3数据，在图9-6中描绘万用表交流档位计量的曲线。

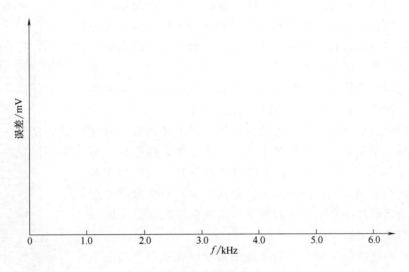

图 9-6　计量曲线

认 识 伏 特

亚历山德罗·伏特（见图9-7），意大利物理学家，后被拿破仑授予伯爵，发明了著名的伏打电堆。

伏特在青年时期就开始了电学实验，随着岁月的流逝，伏特对静电的了解至少可以和当时最好的电学家媲美。不久他就开始应用他的理论制造各种有独创性的仪器，用现代的话来讲，要点在于他对电量、电量或张力、电容以及关系式 $Q = CV$ 都有了明确的了解。

图 9-7　伏特

伏特制造的仪器中一个杰出例子是起电盘。一块导电板放在一个由摩擦起电的充电树脂"饼"上端，然后用一个绝缘柄与金属板接触，使它接地，再把它举起来，于是金属板就被充电到高电势，这个方法可以用来使莱顿瓶充电。这种操作可以不断地重复。这一发明是非常精巧的，以后发展成为一系列静电起电机。伏特强烈地感到，他必须定量地测定电量，于是他设计了一种静电计，这就是各种绝对电计的鼻祖，它能够以可重复的方式测量电势差。

他还为他的静电计建立了一种刻度，根据电盘的发明，根据他的描述，可以确定他的单位是今天的13350V。由于起电盘的发明，1774年伏特担任了科莫皇家学校的物理教授，1779年任帕维亚大学物理学教授。他的名声开始扩展到意大利以外，苏黎世物理学会选举他为会员。

1800年3月20日他宣布发明了伏打电堆，这是历史上的神奇发明之一。伏特发现导电体可以分为两大类，第一类是金属，它们接触时会产生电势差；第二类是液体（即电解质），它们与浸在里面的金属之间没有很大的电势差，而且第二类导体互相接触时也不会产生明显的电势差。第一类导体可依次排列起来，使其中第一种相对于后面的一种是正的。例如锌对铜是正的，在一个金属链中，一种金属和最后一种金属之间的电势差是一样的，仿佛其中不存在任何中间接触，就像第一种金属和最后一种金属直接接触似的。

伏特最后得到了一种思想，他把一些第一种导体和第二种导体连接得使每一个接触点上产生的电势差可以相加。他把这种装置称为"电堆"，因为它是由浸在酸溶液中的锌板、铜板和布片重复许多层而构成的，如图 9-8 所示。他在一封写给皇家学会会长班克斯的著名信件中介绍了他的发明，用的标题是《论不同导电物质接触产生的电》。

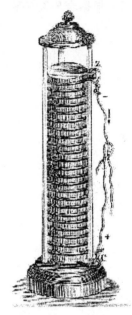

图 9-8　伏打电堆

电堆能产生连续的电流，它的强度的数量级比从静电起电机能得到的电流大，因此开始了一场真正的科学革命。1801 年他去巴黎，在法国科学院表演了他的实验，当时拿破仑也在场，他立即下令授予伏特一枚特制金质奖章和一份养老金。1804 年他要求辞去帕维亚大学教授而退休时，拿破仑拒绝了他的要求，赐予他更多的名誉和金钱，并授予他伯爵称号。1827 年 3 月 5 日，伏特去世，终年 82 岁。

为了纪念他，人们将电动势单位取名为伏特。

 总结

一、分析与思考

1）如何对万用表的直流测试档位进行计量？

答：

2）实验中如何更好地减少误差？

答：

二、收获和体会

答：

项目十　测试整流滤波电路

团队名称：＿＿＿＿＿＿＿团队成员：＿＿＿＿＿＿＿＿＿＿执行时间：＿＿＿＿＿＿

 **目标**

掌握二极管的结构
掌握二极管整流电路的结构和原理
掌握滤波电路的结构和原理
了解 RC 参数选择对于电路的影响
学习使用测试仪表

1. 基本知识点：二极管的伏安特性曲线
　　　　　　　整流电路的工作原理
　　　　　　　滤波电路的工作原理
　　　　　　　充放电时间常数

2. 基本技能点：能够判别二极管的好坏和极性
　　　　　　　能够搭建整流滤波电路
　　　　　　　能够熟练使用信号源和示波器
　　　　　　　能够设计充放电电路

 **实施**

一、前期材料准备

本项目所使用的设备主要有：交流信号源、数字示波器各一台，数字万用表两块，连接导线若干；1N4004 和 1N4007 二极管若干只，5.1kΩ 电阻一只，1μF、2.2μF、10μF 电解电容各一只。在项目实施前后，对使用仪表和设备进行检查，完成表 10-1。

表 10-1　实验仪表设备检查表

名称	规格描述	使用前状况	使用后状况	备注
交流信号源				
数字示波器				
数字万用表				
电阻				
电容				
连接导线				

二、基本理论讲解

1. 单相半波整流电路

完成整流功能的电路，利用具有单向导电性能的整流元件（如二极管），将交流电转换成单向脉动的直流电。

图 10-1 为单相半波整流电路。其中，图 10-1a 为电路，图 10-1b 为波形。

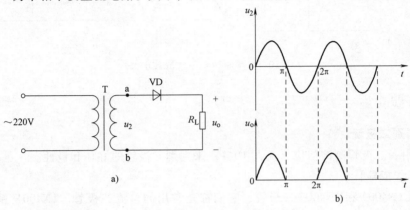

图 10-1 单相半波整流电路

2. 单相桥式整流电路

图 10-2 为单相桥式整流电路。其中，图 10-2a 为电路，图 10-2b 为电路的简化示意图，图 10-2c 为波形。

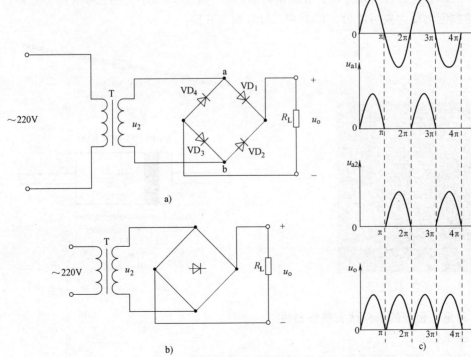

图 10-2 单相桥式整流电路

3．单相桥式整流滤波电路

图 10-3 为单相桥式整流滤波电路。其中，图 10-3a 为电路，图 10-3b 为输出波形。

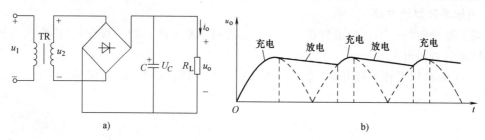

图 10-3 单相桥式整流滤波电路

三、任务分解实施

（一）判别二极管

利用万用表二极管测试档位（见图 10-4）来判别二极管的好坏和极性。

[规范操作指导]

1）观察 1N4004 和 1N4007 二极管，它们都是常用的整流二极管。1N400X 系列的二极管，其标注如图 10-5 所示。其中，有白色环标志的一端是二极管负极。选择出 1N4004 二极管四只、1N4007 二极管一只，以备后续实验任务使用。

2）将数字万用表调至二极管测量档位。若将红表笔接二极管正极，黑表笔接二极管负极，则二极管处于正偏，阻值一般在 $400 \sim 800\Omega$，数字万用表有一定数值显示；若将红表笔接二极管负极，黑表笔接二极管正极，二极管处于反偏，数字万用表高位显示为"1"或很大的数值，此时说明二极管是好的。在测量时若两次的数值均很小，则二极管内部短路；若两次测得的数值均很大或高位为"1"，则二极管内部开路。

图 10-4 二极管测试档位

CASE 59－03
AXIAL LEAD
PLASTIC

MARKING DIAGRAM

AL
1N
400X
YYWW

AL	= Assembly Location
1N400X	= Device Number
X	= 1,2,3,4,5,6or 7
YY	= Year
WW	= Work Week

图 10-5 1N400X 系列二极管

（二）测量二极管的正向伏安特性曲线

[规范操作指导]

1）按图 10-6 所示连接电路，选择 1N4004 二极管进行测试。

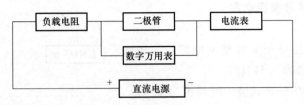

图 10-6　二极管正向伏安特性曲线测试图

其中，万用表两块，一块作为电压表使用，并联在二极管两端，<u>注意红表笔接在高电位（二极管正极）</u>；另外一块万用表作为电流表使用，串联接入被测电路，<u>注意表笔要按照实际电流方向进行测量，黑表笔接在电源负极一侧</u>。

2）调整直流电源输出，使被测二极管两端电压值为 0.35V，记录电流表读数。

3）继续调整直流电源电压，按数据表 10-2 要求，使得万用表依次实现各电压数据，并记录相应电流表读数，填入表 10-2 中，完成对 1N4004 二极管的测试。

4）选用 1N4007 二极管，重复上述实验过程，完成对 1N4007 的测试。

表 10-2　二极管正向伏安特性曲线测试表

二极管正向电压/V	0.35	0.40	0.45	0.50	0.51	0.52	0.53	0.54
1N4004 电流/mA								
1N4007 电流/mA								
二极管正向电压/V	0.55	0.56	0.57	0.58	0.59	0.60	0.61	0.62
1N4004 电流/mA								
1N4007 电流/mA								
二极管正向电压/V	0.63	0.64	0.65	0.66	0.67	0.68	0.69	0.70
1N4004 电流/mA								
1N4007 电流/mA								

5）完成二极管正向伏安特性曲线的绘制。利用表 10-2 中的电压和电流值数据，在图 10-7 中完成二极管正向伏安特性曲线的绘制。其中，横坐标为正向电压值（已经标出），纵坐标为电流测量值，纵坐标由学生自行确定数据和位置。

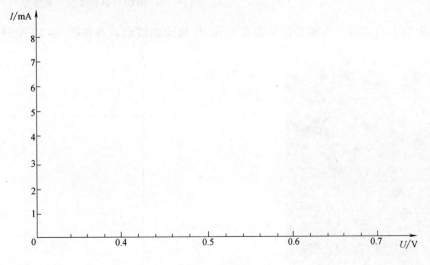

图 10-7　伏安特性曲线

（三）测试单相半波整流电路

[规范操作指导]

1）按图 10-8 连接单相半波整流电路。二极管选择 1N4004，R_L 选择为 5.1kΩ。

2）信号源输出 50Hz 正弦波，峰峰值为 20V。

3）利用数字示波器分别测量信号源和负载 R_L 输出的波形，并在图 10-9 中描绘出来。

4）利用数字万用表测量负载 R_L 输出的电压值，填入表 10-3 中。

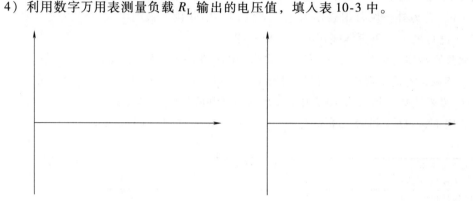

图 10-8 单相半波整流电路

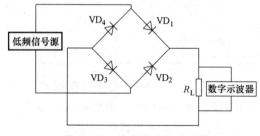

图 10-9 单相半波整流电路的测量

（四）测试单相桥式整流电路

[规范操作指导]

1）按图 10-10 连接单相桥式整流电路。二极管选择四只 1N4004，R_L 选择为 5.1kΩ。四只二极管在连接中注意正负极关系不要接反，如图 10-11 所示。

2）信号源输出 50Hz 正弦波，电压峰峰值为 20V。

图 10-10 单相桥式整流电路

3）利用数字示波器分别测量信号源和负载 R_L 输出的波形，并在图 10-12 中分别描绘。

图 10-11 桥式整流电路的连接

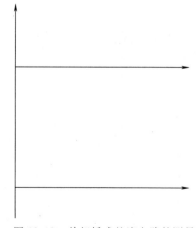

图 10-12 单相桥式整流电路的测量

4）排除连接故障。通过示波器观察，正确的桥式整流波形如图10-13所示，注意此时的频率为100Hz，为信号输入频率的两倍；若连接出现故障，典型的表现为输出波形为半波整流波形，如图10-14所示。故障主要来自于两个方面：其一是二极管本身，检查是否有损坏、击穿现象，是否二极管极性接反；其二是检查连线是否正确。

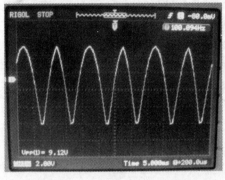

图 10-13　桥式整流的正常波形

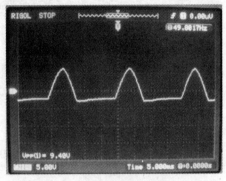

图 10-14　桥式整流的故障波形

（五）测量单相桥式整流滤波电路

[规范操作指导]

1）按图10-15连接单相桥式整流滤波电路。二极管选择四只1N4004，R_L 选择 5.1kΩ，电解电容选择 $C=1\mu F$。信号源输出50Hz正弦波，峰峰值为20V。利用数字示波器测量负载 R_L 输出的波形（见图10-16）和电压值并在表10-3中相应位置填出。

2）选择 $C=2.2\mu F$，利用数字示波器测量负载 R_L 输出的波形（见图10-17）和电压值，并在表10-3中相应位置填出。

3）选择 $C=10\mu F$，利用数字示波器测量负载 R_L 输出的波形（见图10-18）和电压值，并在表10-3中相应位置填出。

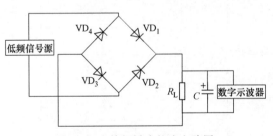

图 10-15　单相桥式整流电路图

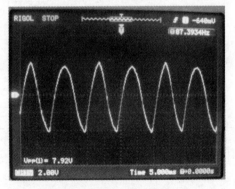

图 10-16　1μF 滤波输出波形

4）计算各滤波电路的时间常数 τ，填入表10-3中。

$$\tau = RC，单位为 s$$
$$\tau_1 = RC_1 = 5.1k\Omega \times 1\mu F$$
$$\tau_2 = RC_2 = 5.1k\Omega \times 2.2\mu F$$
$$\tau_3 = RC_3 = 5.1k\Omega \times 10\mu F$$

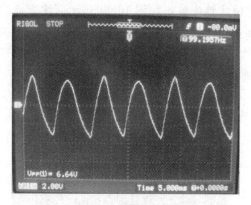

图 10-17 2.2μF 滤波输出波形

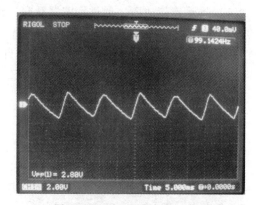

图 10-18 10μF 滤波输出波形

表 10-3 测试整流滤波电路综合报告

实验内容	波形描绘
信号源:50Hz,峰峰值为 20V 电压有效值:	
单相半波整流电路 电压输出值:	
桥式整流电路 电压输出值:	

桥式整流滤波电路,$R_L = 5.1\text{k}\Omega$

电容	时间常数	输出电压	波形描绘
$C_1 = 1\mu\text{F}$			
$C_2 = 2.2\mu\text{F}$			

（续）

实验内容			波形描绘
桥式整流滤波电路，$R_L = 5.1\,\text{k}\Omega$			
电容	时间常数	输出电压	
$C_3 = 10\,\mu\text{F}$			

认识法拉第

  迈克尔·法拉第（见图 10-19），英国物理学家、化学家，也是著名的自学成才的科学家。仅上过小学的法拉第在 1831 年做出了关于力场的关键突破性贡献，永远改变了人类文明。

  法拉第童年生活困苦，几乎没有受到任何教育。1816 年法拉第发表了第一篇科学论文。从 1818 年起，他和 J·斯托达特合作研究合金钢，首创了金相分析方法。1820 年他用取代反应制得六氯乙烷和四氯乙烯。1821 年他任皇家学院实验室总监。1823 年他发现了氯气和其他气体的液化方法。1824 年 1 月他当选为皇家学会会员。1825 年 2 月他任皇家研究所实验室主任，同年发现了苯。

  更主要的是他在电化学方面（对电流所产生的化学效应的研究）所做出的贡献。经过多次精心试验，法拉第总结了两个电解定律，这两个定律均以他的名字命名，构成了电化学的基础。他将化学中的许多重要术语给予了通俗的名称，如阳极、阴极、电极、离子等。

图 10-19 法拉第

  1821 年法拉第完成了第一项重大的电发明。1820 年奥斯特已发现如果电路中有电流通过，它附近的普通罗盘的磁针就会发生偏移。法拉第从中得到启发，认为假如磁铁固定，线圈就可能会运动。根据这种设想，他成功地发明了一种简单的装置。在装置内，只要有电流通过线路，线路就会绕着一块磁铁不停地转动。事实上，法拉第发明的是第一台电动机，是第一台使用电流使物体运动的装置。虽然装置简陋，但它却是今天世界上使用的所有电动机的祖先。

  人们知道静止的磁铁不会使附近的线路内产生电流。1831 法拉第发现第一块磁铁穿过一个闭合线路时，线路内就会有电流产生，这个效应叫电磁感应。这是一项伟大的发现，用两个理由足以说明这项发现可以载入史册：第一，法拉第定律对于从理论上认识电磁更为重要；第二，正如法拉第用他发明的第一台发电机（法拉第盘）所演示的那样，电磁感应可以用来产生连续电流。虽然给城镇和工厂供电的现代发电机比法拉第发明的电机要复杂得多，但是它们都是根据同样的电磁感应的原理制成的。1837 年他引入了电场和磁场的概念，指出电和磁的周围都有场的存在，这打破了牛顿力学"超距作用"的传统观念。1838 年，他提出了电力线的新概念来解释电、磁现象，这是物理学理论上的一次重大突破。他以图形的形式描绘出了电和磁的力场在空间如何散布。1843 年，法拉第用有名的"冰桶实验"，证明了电荷守恒定律。1852 年，他又引进了磁力线的概念，从而为经典电磁学理论的建立奠定了基础。后来，英国物理学家麦克斯韦用数学工具研究法拉第的力线理论，最后完成了经典电磁学理论。法拉第还发现如果有偏振光通过磁场，其偏振作用就会发生变化。这一发现具有特殊意义，首次表明了光与磁之间存在某种关系。1845 年，也是在经历了无数次失败之后，他终于发现了"磁光效应"。他用实验证实了光和磁的相互作用，为电、磁和光的统一理论奠定了基础。

为了证实用各种不同办法产生的电在本质上都是一样的，法拉第仔细研究了电解液中的化学现象，1834 年总结出法拉第电解定律：电解释放出来的物质总量和通过的电流总量成正比，和那种物质的化学当量成正比。这条定律成为联系物理学和化学的桥梁，也是通向发现电子道路的桥梁。

爱因斯坦高度评价法拉第的工作，认为他在电学中的地位，相当于伽利略在力学中的地位。法拉第奠定了电磁学的实验基础。

1867 年 8 月 25 日，甘愿以平民的身份实现献身科学的诺言，终身在皇家学院实验室工作的迈克尔·法拉第在书房安详地离开了人世。1881 年为了纪念法拉第的杰出贡献，IEC 决定以法拉（F）作为电容的单位。

 **总结**

一、分析与思考

1）如何检测二极管已经损坏？

答：

2）列举桥式整流电路连接中出现的故障原因以及排除方法。

答：

二、收获和体会

答：

项目十一　测试单管放大电路

团队名称：＿＿＿＿＿＿团队成员：＿＿＿＿＿＿＿＿＿执行时间：＿＿＿＿＿

 **目标**

通过实验加深对放大电路工作原理的理解

掌握基本放大电路的测试方法

了解静态工作点对于放大电路的影响

掌握放大器幅频特性

熟练使用各种测试仪表

1. 基本知识点：晶体管的三个工作区域

　　　　　　　静态工作点

　　　　　　　放大电路的失真状态

　　　　　　　放大器的幅频特性

2. 基本技能点：示波器、信号源和万用表的使用

　　　　　　　失真的判定

　　　　　　　通频带的测试与计算

 **实施**

一、前期材料准备

本项目所使用的设备主要有：12V 直流电源一个，放大电路测试电路板一块，连接导线若干，数字万用表一块，SP1641B 型函数信号发生器一台，DS1000 型数字示波器一台。在项目实施前后，对使用仪表和设备进行检查，完成表 11-1。

表 11-1　实验仪表设备检查表

名称	规格描述	使用前状况	使用后状况	备注
直流电源				
数字万用表				
放大电路测试电路板				
函数信号发生器				
数字示波器				
连接导线				

二、基本理论讲解

1. 静态工作点对于放大电路的影响

晶体管的输出特性曲线分为三个区域，即截止区、放大区和饱和区，如图11-1所示。截止区和饱和区之间的区域为放大区，此区域内，I_C 受 I_B 的控制而变化，$\Delta I_C = \beta \Delta I_B$，此时晶体管具有电流放大作用。晶体管处于放大状态的条件是晶体管发射结正偏、集电结反偏。晶体管工作在放大状态时，具有电流放大作用；晶体管工作在截止和饱和状态时，具有开关作用。

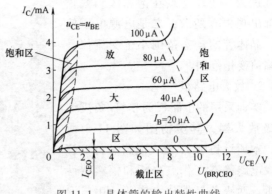

图 11-1　晶体管的输出特性曲线

放大电路的静态工作点设置不合适，会使输出信号与输入信号的波形不一致，产生非线性失真。失真主要包括截止失真、饱和失真和双向失真，如图 11-2 所示。

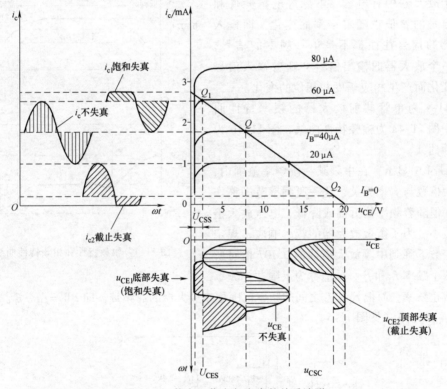

图 11-2　静态工作点与失真的关系波形

截止失真发生在 B-E 结组成的输入回路中，因为发射结处于反偏或正偏，电压小于 PN 结死区电压时，发射结不导通，即 $I_B = 0$。消除放大器截止失真的办法是增加静态电流 I_B。

饱和失真是指晶体管的动态工作范围进入了饱和区所致。造成饱和失真的原因主要有：静态工作点 I_B 太大，使 I_C 偏大；或者是静态工作点 U_{CE} 偏小，同时电源电压偏低和 β 值过大也可能造成饱和失真。

双向失真是指既有截止失真又有饱和失真的现象。出现双向失真的原因：一是输入信号幅度过大,使动态点在饱和区和截止区都出现失真所致;二是电源电压偏低,晶体管的动态范围小于交流信号的幅值变化范围。

2. 放大电路板

实训采用的电路板为单管/负反馈两级放大器,其实物图如图 11-3 所示。本项目利用 T_1 放大电路进行单管放大电路静态工作点分析和幅频特性分析。两级负反馈放大实验,用于课后有兴趣的同学进行实验分析,这里不再赘述。

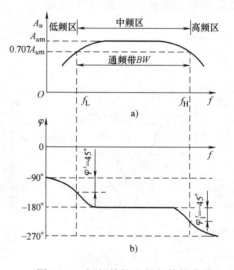

图 11-3 单管/负反馈两级放大器的实物图

3. 放大器的频率特性分析

由于放大器中有电容、电感等电抗元件和晶体管自身的 β 值也随着频率而变化,而输入到放大器的信号往往都不是单一频率的信号,所以同一个放大器的输出信号会随着输入信号频率的变化而产生相应幅度和相位的变化。

图 11-4 为单管共射放大器的频率特性曲线,其中图 11-4a 为幅频特性曲线,图 11-4b 为相频特性曲线。

图 11-4 中显示,在中频某一段频率范围内,电压放大倍数与频率无关,这一段频率范围称作中频区。但随着频率的升高或降低,电压放大倍数都要减小。为了衡量放大器的频率响应,规定在放大倍数下降到中频放大倍数的 0.707 倍时所对应的两个频率 f_H 和 f_L,分别称为上限截止频率和下限截止频率,而把 f_H 和 f_L 之间的频率范围称作放大器的通频带,即 $BW = f_H - f_L$。

图 11-4 幅频特性和相频特性曲线

4. 实训电路(见图 11-5)

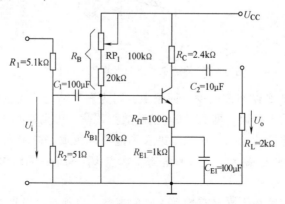

图 11-5 放大电路板原理电路

三、任务分解实施

（一）观察放大电路的非线性失真

[规范操作指导]

1）调整信号源，使其输出 200Hz、100mV 的正弦波，从放大电路板的 U_i 输入放大器。

2）用数字示波器测量输出电压波形，如图 11-6 所示。放大后波形正常，对称良好，没有失真。

3）调整变阻器 RP_1，观察波形的变化。如图 11-7 所示，放大信号出现截止失真现象；如图 11-8 所示，放大信号出现饱和失真现象。

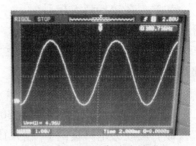

图 11-6　正常放大波形

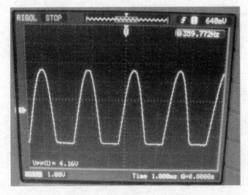

图 11-7　截止失真波形

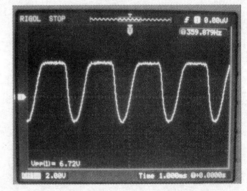

图 11-8　饱和失真波形

4）调整变阻器 RP_1，在失真点（放大输出波形由正常变为失真的点），测量晶体管集电极电位 U_C，并按照表 11-2 完成测试。

表 11-2　静态工作点幅度输入特性测试表

输入信号/mV	40	60	80	100	120	140	160
饱和失真点 U_C							
截止失真点 U_C							
输入信号/mV	180	200	220	240	260	280	300
饱和失真点 U_C							
截止失真点 U_C							
输入信号/mV	320	340	360	380	400	420	440
饱和失真点 U_C							
截止失真点 U_C							

5）在测试中，随着输入信号的增加，能提供正常放大的静态工作点范围越来越小，当出现图 11-9 所示的双向失真时，表明此放大电路的输入信号幅度已达到极限，不能再正常放大更大幅度的输入信号。

6）根据表 11-2 中的测试数据，完成图 11-10 静态工作点幅度输入特性测试图的绘制。

注意：在较低输入信号时，不产生截止失真，可记录 $U_C = 10V$。

（二）分析不同频率下静动态工作点对放大电路的影响

[规范操作指导]

1）调整信号源，使其输出 300Hz、100mV 的正弦波，从放大电路板的 U_i 输入放大器。

2）调整变阻器 RP_1，数字万用表测试晶体管集电极电位为 4.8V 时，测量输出信号波形幅度，填入表 11-3 中。

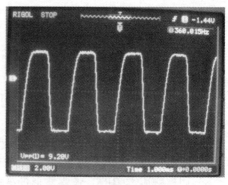

图 11-9 双向失真波形

3）调整变阻器 RP_1，依次使 U_C 为表 11-3 要求值，继续完成测量。

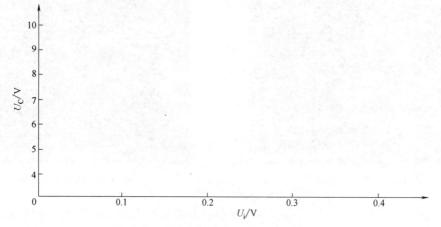

图 11-10 静态工作点幅度输入特性测试图

表 11-3 静态工作点频率输入特性测试表

集电极电压 U_C/V	4.80	5.00	5.20	5.40	5.60	5.80	6.00	6.20	6.40
300Hz 信号放大输出/mV									
3400Hz 信号放大输出/mV									
7000Hz 信号放大输出/mV									
集电极电压 U_C/V	6.60	6.80	7.00	7.20	7.40	7.60	7.80	8.00	8.20
300Hz 信号放大输出/mV									
3400Hz 信号放大输出/mV									
7000Hz 信号放大输出/mV									
集电极电压 U_C/V	8.40	8.60	8.80	9.00	9.20	9.40	9.60	9.80	10.0
300Hz 信号放大输出/mV									
3400Hz 信号放大输出/mV									
7000Hz 信号放大输出/mV									

4）调整信号源，使其输出 3400Hz、100mV 的正弦波，从放大电路板的 U_i 输入放大器。

重复上述测试步骤，完成表 11-3 所要求的测试。

5）调整信号源，使其输出 7000Hz、100mV 的正弦波，从放大电路板的 U_i 输入放大器。重复上述测试步骤，完成表 11-3 所要求的测试。

测试中注意放大输出是否出现失真现象，在失真点记录放大输出幅度，并注明已经失真，不能正常工作。

6）根据表 11-3 测试结果，完成图 11-11 静态工作点频率输入特性测试图的绘制。注意将三个频率输入特性曲线绘制在一张图中，并标明该曲线所代表的输入频率值。

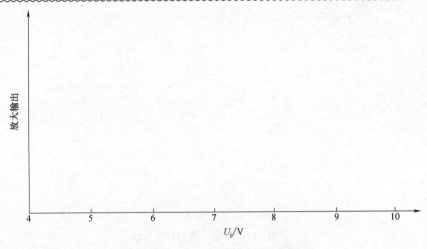

图 11-11 静态工作点频率输入特性测试图

（三）测试放大电路板的线性放大区

[规范操作指导]

1）调整信号源，使其输出 300Hz、40mV 的正弦波，加在 U_i。静态工作点设置在正常放大区，使放大电路板正常放大。

2）测量数字示波器显示的放大输出信号的峰峰值电压，并填入表 11-4 中。

3）固定信号源输出频率 300Hz 不变，继续调整输出幅度，按表 11-4 要求，依次实现各输入信号数据，并记录数字示波器测量结果读数，填入表 11-4 中，完成对放大电路板放大线性的测试。

表 11-4 线性放大测试表

输入信号 U_i/mV	40	60	80	100	120	140	160
放大输出 U_o/V							
放大倍数 A_o							
输入信号 U_i/mV	180	200	220	240	260	280	300
放大输出 U_o/V							
放大倍数 A_o							
输入信号 U_i/mV	320	340	360	380	400	420	440
放大输出 U_o/V							
放大倍数 A_o							

4）数据处理。将表 11-4 中的测量数据填好后，根据 $A_o = \dfrac{U_o}{U_i}$，计算相应的放大倍数。

项目十一 测试单管放大电路

5）完成线性放大特性曲线的绘制。如图 11-12 所示，其中横坐标为输入信号（图中已经标出相应各点位置），纵坐标为输出信号。当所有点标出后，用曲线连接，完成线性放大特性曲线的绘制。

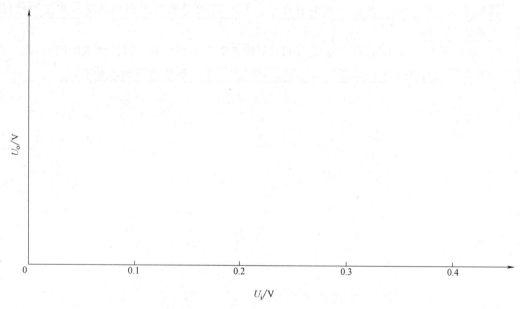

图 11-12　线性放大特性曲线

6）完成放大倍数曲线的绘制。如图 11-12 所示，特性曲线并不能直观展示放大器的非线性特性。可以利用表 11-4 中输入信号和计算的放大倍数值，构造放大倍数曲线，如图 11-13 所示。其中，横坐标为输入信号，纵坐标为放大倍数。注意，纵坐标可以不用零标记，自己选择放大倍数的起始点。

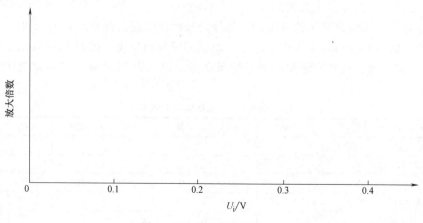

图 11-13　放大倍数曲线

（四）　测试放大电路板的幅频特性

[规范操作指导]

1）调整信号源，使其输出 20Hz、100mV 的正弦波，加在 U_i。静态工作点设置在放大区，使放大电路板正常放大。

2）测量数字示波器显示的放大输出信号的峰峰值电压，并填入表 11-5。

3）固定信号源输出幅度不变，按表 11-5 要求继续调整输出频率，依次实现各输入信号数据，并记录示波器测量结果读数，填入表 11-5 中，完成对放大电路板幅频特性的测试。

4）数据处理。将表 11-5 中的测量数据填好后，根据 $A_o = \dfrac{U_o}{U_i}$，计算相应的放大倍数。

注意：U_i 始终是 100mV。

表 11-5　幅频特性测试表

输入信号 f/kHz	0.02	0.03	0.05	0.1	0.2	0.5	1.0	1.5	2.0
输入信号 U_i/V	0.1	0.1	0.1	0.1	0.1	0.1	0.1	0.1	0.1
放大输出 U_o/V									
放大倍数 A_o									
输入信号 f/kHz	2.5	3.0	3.5	4.0	4.5	5.0	5.5	6.0	6.5
输入信号 U_i/V	0.1	0.1	0.1	0.1	0.1	0.1	0.1	0.1	0.1
放大输出 U_o/V									
放大倍数 A_o									
输入信号 f/kHz	7.0	8.0	9.0	10.0	9.0	12.0	13.0	14.0	15.0
输入信号 U_i/V	0.1	0.1	0.1	0.1	0.1	0.1	0.1	0.1	0.1
放大输出 U_o/V									
放大倍数 A_o									

5）完成幅频特性曲线的绘制。如图 11-14 所示，横坐标为输入信号（图中已经标出相应各点位置），纵坐标为输出信号，纵坐标由学生自行确定数据和位置。在输入信号的相应位置找到输出信号值，并标出该点。当所有点标出后，用曲线连接，完成线性放大特性曲线的绘制。

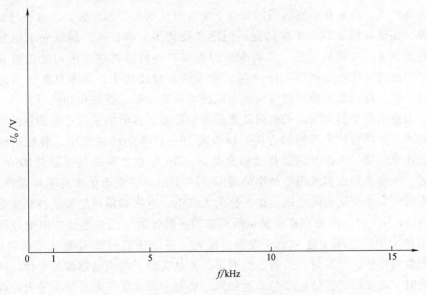

图 11-14　幅频特性曲线

项目十一　测试单管放大电路

6）根据幅频特性曲线计算通频带。放大倍数下降到中频放大倍数的 0.707 倍时所对应的两个频率为 f_H 和 f_L，则

$$BW = f_H - f_L = \underline{\qquad}$$

认 识 赫 兹

海因里希·鲁道夫·赫兹（见图 11-15），德国物理学家，1857 年生于汉堡，早在少年时代就被光学和力学实验所吸引。19 岁入德累斯顿工学院学工程，由于对自然科学的爱好，次年转入柏林大学，在物理学教授亥姆霍兹指导下学习。1885 年任卡尔鲁厄大学物理学教授。1889 年，接替克劳修斯担任波恩大学物理学教授，直到逝世。

赫兹对人类最伟大的贡献是用实验证实了电磁波的存在。

赫兹在柏林大学随赫尔姆霍兹学物理时，受赫尔姆霍兹的鼓励研究麦克斯韦电磁理论，当时德国物理界深信韦伯的电力与磁力可瞬时传送的理论，因此赫兹就决定以实验来证实韦伯与麦克斯韦理论谁的正确。依照麦克斯韦理论，电扰动能辐射电磁波。赫兹根据电容经由电火花隙会产生振荡的原理，设计了一套电磁波发生器，赫兹将一感应线圈的两端接于产生器——二铜棒上，当感应线圈的电流突然中断时，其感应高电压使电火花隙之间产生火花。瞬间后，电荷便经由电火花隙在锌板间振荡，频率高达数百万周。由麦克斯韦理论，此火花应产生电磁波，于是赫兹设计了一简单的检波器来探测此电磁波。他将一小段导线弯成圆

图 11-15　赫兹

形，线的两端点间留有小电火花隙。因电磁波应在此小线圈上产生感应电压，而使电火花隙产生火花。所以他坐在一暗室内，检波器距振荡器 10m 远，结果他发现检波器的电火花隙间确有小火花产生。赫兹在暗室远端的墙壁上覆有可反射电波的锌板，入射波与反射波重叠应产生驻波，他也以检波器在距振荡器不同距离处侦测加以证实。赫兹先求出振荡器的频率，又以检波器量得驻波的波长，二者乘积即电磁波的传播速度。正如麦克斯韦预测的一样。电磁波传播的速度等于光速。1888 年，赫兹的实验成功了，而麦克斯韦理论也因此获得了无上的光彩。赫兹在实验时曾指出，电磁波可以被反射、折射和如同可见光、热波一样的被偏振。由他的振荡器所发出的电磁波是平面偏振波，其电场平行于振荡器的导线，而磁场垂直于电场，且两者均垂直传播方向。1889 年在一次著名的演说中，赫兹明确指出，光是一种电磁现象。第一次以电磁波传递讯息是从 1896 年意大利的马可尼开始的。1901 年，马可尼又成功地将讯号送到大西洋彼岸的美国。20 世纪无线电通信更有了异常惊人的发展。赫兹实验不仅证实麦克斯韦的电磁理论，更为无线电、电视和雷达的发展找到了途径。

1887 年 11 月 5 日，赫兹在寄给赫尔姆霍兹的一篇题为《论在绝缘体中电过程引起的感应现象》的论文中，总结了这个重要发现。接着，赫兹还通过实验确认了电磁波是横波，具有与光类似的特性，如反射、折射、衍射等，并且实验了两列电磁波的干涉，同时证实了在直线传播时，电磁波的传播速度与光速相同，从而全面验证了麦克斯韦的电磁理论的正确性。并且，他还进一步完善了麦克斯韦方程组，使它更加优美、对称，得出了麦克斯韦方程

组的现代形式。此外，赫兹又做了一系列实验。他研究了紫外光对火花放电的影响，发现了光电效应，即在光的照射下物体会释放出电子的现象。这一发现，后来成了爱因斯坦建立光量子理论的基础。

1888 年 1 月，赫兹将这些成果总结在《论动电效应的传播速度》一文中。赫兹实验公布后，轰动了全世界的科学界。由法拉第开创、麦克斯韦总结的电磁理论，至此才取得决定性的胜利。

1888 年，成了近代科学史上的一座里程碑。赫兹的发现具有划时代的意义，它不仅证实了麦克斯韦发现的真理，更重要的是开创了无线电电子技术的新纪元。

赫兹对人类文明作出了很大贡献，正当人们对他寄以更大期望时，他却于 1894 年元旦因血中毒逝世，年仅 36 岁。为了纪念他的功绩，人们用他的名字来命名各种波动频率的单位，简称 Hz。

一、分析与思考

1）计算通频带的意义是什么？

答：

2）总结实验结果，确定这块放大电路板的工作范围。

答：

二、收获和体会

答：

 提升

一、测试级联放大器的输入特性

图 11-16 所示的放大电路板是两级级联放大电路，本项目之前所进行的测量是针对第一级放大电路的测量，如图将第一级放大输出接入第二级放大器输入时，形成两级级联放大器，具有更大能力，同时其使用性能也会发生相应的变化。

仿照本项目任务（三）测试放大电路的线性放大区，对于级联电路进行测试。注意选择恰当的静态工作点，自拟测试信号频率和幅度完成表 11-6 的内容。

图 11-16　单管/负反馈两级放大器实物

表 11-6　级联放大电路线性放大区测试

输入信号 U_i/mV						
放大输出 U_o/V						
放大倍数 A_o						
输入信号 U_i/mV						
放大输出 U_o/V						
放大倍数 A_o						

二、测试级联放大器的幅频特性曲线

仿照本项目任务（四）测试放大电路板的幅频特性，对于级联电路进行测试。注意选择恰当的静态工作点，自拟测试信号频率和幅度完成表 11-7 的内容。

表 11-7　级联放大电路幅频特性测试

输入信号 f/kHz								
输入信号 U_i/V								
放大输出 U_o/V								
放大倍数 A_o								
输入信号 f/kHz								
输入信号 U_i/V								
放大输出 U_o/V								
放大倍数 A_o								

　　根据幅频特性测试表，完成幅频特性曲线的绘制。如图 11-17 所示，其中横坐标为输入信号频率，纵坐标为放大倍数，当所有点标出后，用曲线连接，完成放大器幅频特性曲线的绘制。

　　根据幅频特性曲线计算通频带。

$$BW = f_H - f_L = \underline{\hspace{4cm}}$$

放大倍数

f/kHz

图 11-17　级联放大器幅频特性曲线图

项目十二 设计、测试集成运算放大电路

团队名称：_____ 团队成员：_____ 执行时间：_____

 目标

掌握集成运算放大器的基本工作原理

掌握集成运算放大器组成的比例、加法、减法运算电路的功能

设计并测试完成十倍放大电路

熟练使用各种测试仪表

1. 基本知识点：理想集成运放的特性

　　　　　　　 μA741 基本性能应用

　　　　　　　 比例运算电路的分析

2. 基本技能点：示波器、信号源和万用表的使用

　　　　　　　 放大电路的设计与测试

 **实 施**

一、前期材料准备

本项目所使用的设备主要有：可变直流稳压电源（0～15V）一台，μA741、LM358 型集成运算模块各一块，可变电阻器四个，连接导线若干，数字万用表一块，低频信号源一台，数字示波器一台。在项目实施前后，对使用仪表和设备进行检查，完成表 12-1。

表 12-1 实验仪表设备检查表

名　　称	规格描述	使用前状况	使用后状况	备注
直流稳压电源				
数字万用表				
可变电阻器				
函数信号发生器				
数字示波器				
连接导线				

二、基本理论讲解

1. 理想集成运算放大器

集成运算放大器是一种具有高电压放大倍数的直接耦合多级放大电路，当外部接入不同

的线性或非线性元器件组成输入和负反馈电路时，可以灵活地实现各种特定的函数关系。在线性应用方面，它可组成比例、加法、减法、积分、微分、对数等模拟运算电路。

在大多数情况下，将运算放大器视为理想运算放大器，就是将运算放大器的各项技术指标理想化。满足下列条件的运算放大器称为理想运算放大器：

1）开环电压增益无穷大，即 $A_{ud} = \infty$。

2）输入阻抗无穷大，即 $r_i = \infty$。

3）输出阻抗无穷小，即 $r_o = 0$。

理想运算放大器在线性应用时的两个重要特性：

1）两个输入端电位相等，即 $u_+ = u_-$。它们之间好像短路，但又不是真正的短路，故这种现象称为"虚短"。

2）两个输入端的电流都为零，即 $i_+ = i_- = 0$。好像输入端与运算放大器内部断开一样，这一特点称为"虚断"。

2. μA741 型单路集成运算放大器

μA741 是第一块集成运算放大电路，由美国仙童（fairchild）公司发明，在 20 世纪 60 年代后期广泛流行。直到今天，μA741 仍然是各类学校讲解运算放大器原理的典型教材。这是一个八引脚集成运算放大器，其引脚功能如图 12-1 所示。

μA741 的外部应用基本连接如图 12-2 所示。μA741 的内部结构如图 12-3 所示。

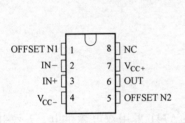

图 12-1　μA741 的引脚功能

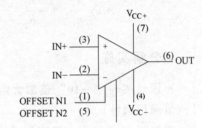

图 12-2　μA741 的外部应用基本连接

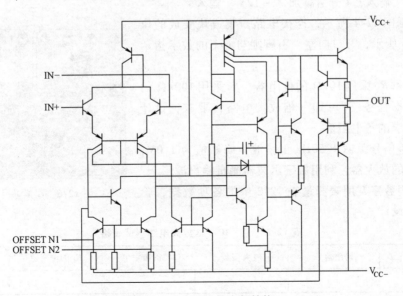

图 12-3　μA741 的内部结构

项目十二　设计、测试集成运算放大电路

119

3. 基本运算电路

（1）反相比例运算电路

反相比例运算电路如图 12-4 所示。输入信号 u_i 经输入端电阻 R_1 加至运算放大器的反相输入端，同相输入端经平衡电阻 R_2（且 $R_2 = R_1 /\!/ R_f$）接地，反馈电阻 R_f 将输出电压 u_o 反馈至反相输入端。

运算放大器的放大倍数为

$$A_{uf} = \frac{u_o}{u_i} = -\frac{R_f}{R_1}$$

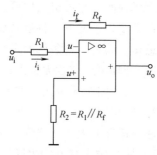

图 12-4　反相比例运算电路

（2）同相比例运算电路

同相比例运算电路如图 12-5 所示。输入信号 u_i 经 R_2 加至运算放大器的同相输入端，输出电压经反馈电阻 R_f 及 R_1 组成的分压电路，取 R_1 上的分压作为反馈信号加到运算放大器的反相输入端。R_2 为平衡电阻（且 $R_2 = R_1 /\!/ R_f$）。

运算放大器的放大倍数为

$$A_{uf} = \frac{u_o}{u_i} = 1 + \frac{R_f}{R_1}$$

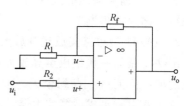

图 12-5　同相比例运算电路

三、任务分解实施

（一）设计实现"−10"倍放大电路

[规范操作指导]

1）根据图 12-2 所示，确定集成片各个引脚的位置。μA741 采用双电源供电，7 号引脚加"+12V"输入，4 号引脚加"−12V"输入。

2）根据图 12-4 所示，连接电路。集成块安放的位置如图 12-6 所示，开口向左，引脚则与上下的数字指示连接端口对应。

3）R_1 和 R_2 采用 10kΩ 的变阻器，R_f 采用 100kΩ 的变阻器，根据任务（"−10"倍放大电路）要求，设计满足放大要求的各电阻值。

4）调整信号源输出 50Hz 正弦波，峰峰值为 1.0V；输入设计好的放大器，利用数字示波器测量输出波形。

5）利用数字万用表测量表 12-2 中的各项数据，验证放大器的设计。

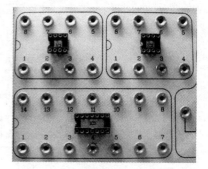

图 12-6　集成芯片位置

表 12-2　"−10"倍放大电路测试表格

输入信号	输出信号	放大倍数	R_1 的电阻值	R_f 的电阻值	R_2 的电阻值

6) 固定信号源输出 1.0V，逐步增加频率，观察并分析放大器输出波形的变化。

7) 调整平衡电阻 R_2 的阻值。

（二）设计实现 "+10" 倍放大电路

[规范操作指导]

1) 根据图 12-2 所示，确定集成片各个引脚的位置。μA741 采用双电源供电，7 号引脚加 "+12V" 输入，4 号引脚加 "-12V" 输入。

2) 根据图 12-5 所示连接电路。

3) R_1 和 R_2 采用 10kΩ 的变阻器，R_f 采用 100kΩ 的变阻器，根据任务（"+10" 倍放大电路）要求，设计满足放大要求的各电阻值。

4) 调整信号源输出 50Hz 正弦波，峰峰值为 1.0V；输入设计好的放大器，利用数字示波器测量输出波形。

5) 利用数字万用表测量表 12-3 中的各项数据，验证放大器的设计。

表 12-3　"+10" 倍放大电路测试表格

输入信号	输出信号	放大倍数	R_1 的电阻值	R_f 的电阻值	R_2 的电阻值

6) 固定信号源输出 1.0V，逐步增加频率，观察并分析放大器输出波形的变化。

7) 调整平衡电阻 R_2 的阻值。

（三）设计实现级联放大电路

LM358 是常用的双运算放大器集成电路，其引脚定义如图 12-7 所示。里面包括有两个高增益、独立、内部频率补偿的双运算放大器，适用于电压范围很宽的单电源，而且也适用于双电源工作方式。它的应用范围包括传感放大器、直流增益模块和其他所有可用单电源供电的使用运算放大器的地方，其应用连接如

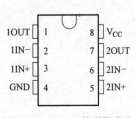

图 12-7　LM358 的引脚定义

图 12-8 所示。LM358 的内部结构如图 12-9 所示。

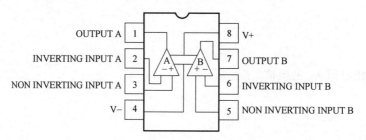

图 12-8 LM358 的应用连接

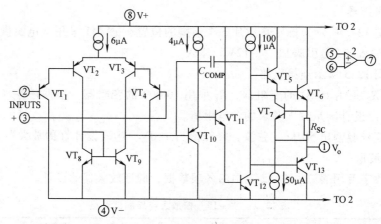

图 12-9 LM358 的内部结构

1）利用两级级联方式设计实现 "＋50" 倍放大电路。

方法一：设计原理图。

方法二：设计原理图。

2）验证设计。

摩 尔 定 律

　　摩尔定律是指集成电路（IC）上可容纳的晶体管数目，约每隔 18 个月便会增加一倍，性能也将提升一倍。摩尔定律是由英特尔（Intel）名誉董事长戈登·摩尔（Gordon Moore，见图 12-10）经过长期观察发现得出的。

　　计算机第一定律——摩尔定律。1965 年，戈登·摩尔准备一个关于计算机存储器发展趋势的报告。他整理了一份观察资料。在他开始绘制数据时，发现了一个惊人的趋势。每个新芯片大体上包含其前任两倍的容量，每个芯片的产生都是在前一个芯片产生后的 18～24 个月内。如果这个趋势继续的话，计算能力相对于时间周期将呈指数式上升。摩尔的观察资料，就是现在所谓的摩尔定律，所阐述的趋势一直延续至今，且仍不同寻常地准确。人们还发现这不光适用于对存储器芯片的描述，也精确地说明了处理器能力和磁盘驱动器存储容量的发展。该定律成为许多工业对于性能预测的基础。在 26 年的时间里，芯

图 12-10　戈登·摩尔

片上的晶体管数量增加了 3200 多倍，从 1971 年推出的第一款 4004 的 2300 个增加到奔腾 II 处理器的 750 万个。

　　由于高纯硅的独特性，集成度越高，晶体管的价格越便宜，这样也就引出了摩尔定律的经济学效益。在 20 世纪 60 年代初，一个晶体管要 10 美元左右，但随着晶体管越来越小，直小到一根头发丝上可以放 1000 个晶体管时，每个晶体管的价格只有千分之一美分。据有关统计，按运算 10 万次乘法的价格算，IBM704 计算机为 1 美元，IBM709 降到 20 美分，而 20 世纪 60 年代中期 IBM 耗资 50 亿美元研制的 IBM360 系统计算机已变为 3.5 美分。图 12-11 是 CPU 在 1971 年到 2008 年的统计。

　　到底什么是"摩尔定律"，归纳起来，主要有以下三种版本：

　　1）集成电路芯片上所集成的电路的数目，每隔 18 个月就翻一番。

　　2）微处理器的性能每隔 18 个月提高一倍，而价格下降 50%。

　　3）用 1 美元所能买到的计算机的性能，每隔 18 个月翻两番。

　　以上几种说法中，以第一种说法最为普遍，第二、三两种说法涉及价格因素，其实质是一样的。三种说法虽然各有千秋，但有一点是共同的，即"翻番"的周期都是 18 个月，至于"翻一番"（或两番）的是"集成电路芯片上所集成的电路的数目"，是整个"计算机的性能"，还是"1 美元所能买到的计算机的性能"就见仁见智了。

　　在摩尔定律问世 40 多年以后，随着晶体管电路逐渐接近性能极限，这一定律是否终将走到尽头呢？不需要复杂的逻辑推理就可以知道：芯片上元件的几何尺寸总不可能无限制地缩小下去，这就意味着，总有一天，芯片单位面积上可集成的元件数量会达到极限。问题只

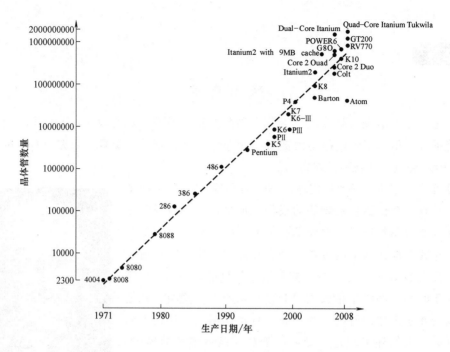

图 12-11　CPU 的摩尔定律符合示意图

是这一极限是多少，以及何时达到这一极限。业界已有专家预计，芯片性能的增长速度将在今后几年趋缓。其制约的因素一是技术，二是经济。

　　从技术的角度看，随着硅片上线路密度的增加，其复杂性和差错率也将呈指数增长，同时也使全面而彻底的芯片测试几乎成为不可能。一旦芯片上线条的宽度达到纳米量级时，相当于只有几个分子的大小，这种情况下材料的物理、化学性能将发生质的变化，致使采用现行工艺的半导体器件不能正常工作，摩尔定律也就要走到它的尽头了。

　　从经济的角度看，正如上述摩尔第二定律所述，目前是 20 亿~30 亿美元建一座芯片厂，线条尺寸缩小到 $0.1\mu m$ 时将猛增至 100 亿美元，比一座核电站投资还大。由于花不起这笔钱，迫使越来越多的公司退出了芯片行业。看来摩尔定律要再维持 10 年的寿命，也绝非易事。

　　然而，也有人从不同的角度来看问题。美国一家名叫 CyberCash 公司的总裁兼 CEO 丹·林启说，"摩尔定律是关于人类创造力的定律，而不是物理学定律"。持类似观点的人也认为，摩尔定律实际上是关于人类信念的定律，当人们相信某件事情一定能做到时，就会努力去实现它。摩尔当初提出他的观察报告时，他实际上是给了人们一种信念，使大家相信，他预言的发展趋势一定会持续。

 **总结**

一、分析与思考

　　1）本项目中如何放大直流电压？

答：

2）本项目中"＋50"倍放大器能否放大峰峰值为1V的正弦信号？

答：

3）设计更大倍数的放大器，需要考虑的因素有哪些？

答：

二、收获与体会

答：

 提升

集成运算放大电路在很多领域同于单管放大电路，仿照项目十一，可以测试集成运算放大电路的频率特性，与单管放大电路进行比较。

1）按图 12-12 连接电路。选择适当的电阻，设计完成"－20"倍集成运算放大电路。

2）信号源输出 20Hz，峰峰值 100mV 正弦波，从 u_i 输入电路。

3）测量放大输出信号的峰峰值电压，并填入表 12-4。

4）固定信号源输出幅度不变，按数据表要求继续调整输出频率，依次实现各输入信号数据，并记录示波器测量结果读数，填入表 12-4 中，完成对放大电路板幅频特性的测试。

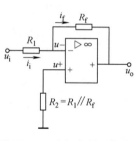

图 12-12　反相比例运算电路

表 12-4　幅频特性测试表

输入信号 f/kHz	0.02	0.03	0.05	0.1	0.2	0.5	1.0	1.5	2.0
输入信号 U_i/V	0.1	0.1	0.1	0.1	0.1	0.1	0.1	0.1	0.1
放大输出 U_o/V									
放大倍数 A_0									
输入信号 f/kHz	2.5	3.0	3.5	4.0	4.5	5.0	5.5	6.0	6.5
输入信号 U_i/V	0.1	0.1	0.1	0.1	0.1	0.1	0.1	0.1	0.1
放大输出 U_o/V									
放大倍数 A_0									
输入信号 f/kHz	7.0	8.0	9.0	10.0	9.0	12.0	13.0	14.0	15.0
输入信号 U_i/V	0.1	0.1	0.1	0.1	0.1	0.1	0.1	0.1	0.1
放大输出 U_o/V									
放大倍数 A_0									

5）数据处理，将表 12-4 中的测量数据填好后，计算相应的放大倍数。

6）完成幅频特性曲线的绘制。

如图 12-13 所示，其中横坐标为输入信号频率，纵坐标为输出信号频率，纵坐标由同学自己确定数据和位置。在输入信号的相应位置找到输出信号值，并标出该点。当所有点标出后，用曲线连接，完成线性放大特性曲线的绘制。

7）根据幅频特性曲线计算通频带。

放大倍数下降到中频放大倍数的 0.707 倍时所对应的两个频率为 f_H 和 f_L，则

$BW = f_H - f_L = \underline{\hspace{4cm}}$

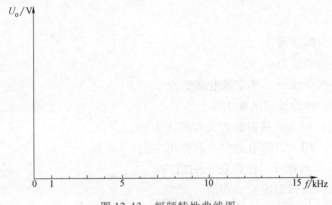

图 12-13　幅频特性曲线图

项目十三 设计电子计时器

团队名称：＿＿＿＿＿＿ 团队成员：＿＿＿＿＿＿＿＿＿＿ 执行时间：＿＿＿＿＿＿

 **目标**

熟悉芯片以及引脚排列
掌握读取电路图的能力
掌握依据电路图布线设计并连接电路的能力
掌握调试电路和排除故障的能力
1. 基本知识点：NE555 的引脚定义和使用方法
　　　　　　　CL102 的引脚定义和使用方法
　　　　　　　实验用"面包板"的结构
2. 基本技能点：能够识图完成布线
　　　　　　　能够识别芯片引脚
　　　　　　　能够利用万用表检查线路排除故障

 **实施**

一、前期材料准备

本项目所使用的设备主要有：直流电源（6V）一个，实验面包板一块，CL102 型中规模集成电路一片；NE555 型集成定时器一片；100kΩ、200kΩ 电阻各一只；0.01μF、5μF 电容各一只，数字万用表一块，连接导线若干。在项目实施前后，对使用仪表和设备进行检查，完成表 13-1。

表 13-1　实验仪表设备检查单

名　称	规 格 描 述	使用前状况	使用后状况	备注
直流电源				
数字万用表				
电阻				
电容				
集成电路芯片				
连接导线				

二、基本理论讲解

（一）NE555

NE555 大约在 1971 年由 Signetics Corporation 发布，在当时是唯一非常快速且商业化的计时 IC，在往后的 30 年来非常普遍地被使用，且延伸出许多的应用电路，尽管近年来 CMOS 技术版本的计时 IC（如 MOTOROLA 的 MC1455）已被大量使用，但原规格的 NE555 依然正常地在市场上供应，尽管新版 IC 在功能上有部分改善，但其引脚功能并没变化，所以到目前都可直接代用。

NE555 的外观如图 13-1 所示，它属于 555 系列的计时 IC 其中的一种型号，555 系列 IC 的引脚功能及运用都是相容的，只是型号不同的因其价格不同，其稳定度、省电、可产生的振荡频率也不大相同；而 NE555 是一个用途很广且相当普遍的计时 IC，只需少数的电阻和电容，便可产生数位电路所需的各种不同频率的脉冲信号。

图 13-1　NE555 的外观

1．NE555 的特点

1）只需简单的电阻、电容，即可完成特定的振荡延时作用。其延时范围极广，可由几微秒至几小时之久。

2）它的操作电源范围极大，可与 TTL、CMOS 等逻辑开关配合，也就是它的输出准位及输入触发准位，均能与这些逻辑系列的高、低态组合。

3）其输出端的供给电流大，可直接推动多种自动控制的负载。

4）它的计时精确度高、温度稳定度佳，且价格便宜。

2．NE555 的引脚配置

NE555 是一个八引脚集成芯片，其引脚如图 13-2 所示。其中，各引脚的功能如下。

Pin1（GND，接地）：地线（或共同接地），通常被连接到电路共同接地。

Pin2（TRIG，触发点）：这个引脚用于触发 NE555 使其启动时间周期。触发信号上缘电压须大于 VCC2/3，下缘须低于 VCC/3。

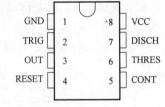

图 13-2　NE555 的引脚

Pin3（OUT，输出）：当时间周期开始 NE555 的输出引脚，移至比电源电压少 1.7V 的高电位。周期的结束输出回到 0V 左右的低电位。于高电位时的最大输出电流约为 200mA。

Pin4（RESET，重置）：一个低逻辑电位送至这个引脚时会重置定时器，并使输出回到一个低电位。它通常被接到正电源或忽略不用。

Pin5（CONT，控制）：这个引脚准许由外部电压改变触发电压和门限电压。当计时器在稳定或振荡的运作方式下，这个引脚能用来改变或调整输出频率。

Pin6（THRES，重置锁定）：重置锁定并使输出呈低态。当这个引脚的电压从 VCC/3 以下移至 VCC2/3 以上时启动这个动作。

Pin7（DISCH，放电）：这个引脚和主要的输出引脚有相同的电流输出能力，当输出为 ON 时为 LOW，对地为低阻抗；当输出为 OFF 时为 HIGH，对地为高阻抗。

Pin8（VCC，电源）：这个引脚接正电源。

3．NE555 的内部结构原理

项目十三　设计电子计时器

129

NE555 的内部结构原理如图 13-3 所示。

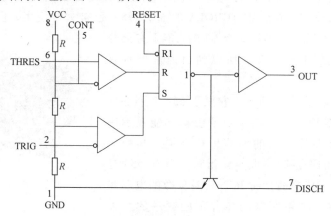

图 13-3　NE555 的内部结构原理

（二）CL102

CL102 是一种功能齐全、使用方便的电子器件，它把十进制技术、寄存、译码、驱动、LED 数码显示等组合成一体，其外观如图 13-4 所示，其内部功能示意图如图 13-5 所示。

CL102 的引脚分布如图 13-6 所示，其引脚排列的顺序是：面对数码管正面，右下角（即靠近小数点）为 1 脚，依次向上，右上角为 8 脚；左上角为 9 脚，右下角为 16 脚。V_{DD}、V_{SS} 分别接电源的正、负极。

CL102 的电源电压范围较宽，为使显示亮度适宜，不必外加限流电阻，通常选 5V 直流电源；其工作电流为 30 ~ 80mA，时钟频率 $f \geq 200kHz$（占空比为 50%）。A、B、C、D 为 BCD 码输出端，CP 为计数脉冲输入端。CL102 的引脚的详细定义见表 13-2。

图 13-4　CL102 的外观

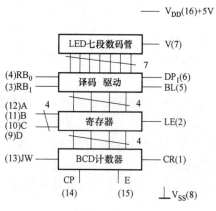

图 13-5　CL102 的内部功能示意图

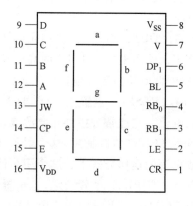

图 13-6　CL102 的引脚分布

（三）实验面包板

面包板是专为电子电路的无焊接实验设计制造的，其外观如图 13-7 所示。由于各种电子元器件可根据需要随意插入或拔出，免去了焊接，节省了电路的组装时间，而且元器件可

表 13-2　CL102 的引脚定义

引脚	符号	功能说明	使用注意事项
1	CR	当 CR 有效时,计数器、显示器清"0"	$CR=0$ 时,计数
2	LE	寄存器门锁控制:LE 有效时寄存,$LE=0$ 时送数	$LE=0$ 时,送数
3	RB_1	无效零值亮灭:$RB_1'=0$,灭;$RB_1=1$,亮	$RB_1=1$,亮
4	RB_0	无效零值亮灭:当 $RB_1=0$ 时,$RB_0=0$,灭;$RB_0=1$,亮	$RB_0=0$,灭
5	BL	LED 亮灭控制:$BL=0$,显数;$BL=1$,消隐	$BL=0$,显数
6	DP_1	小数点显示、熄灭控制:$DP_1=1$,显示;$DP_1=0$,消隐	$DP_1=0$,消隐
7	V	LED 公共负极(共阴):可外接 R 调节 LED 亮度	V 接地(电源负)
8	V_{SS}	电源负极	
9	AD	BCD 码输出	
10	BC	BCD 码输出	
11	CB	BCD 码输出	
12	DA	BCD 码输出	
13	JW	进位输出	
14	CP	$E=1$,由 CP 输入信号计数(前沿有效)	
15	E	$CP=0$,由 E 输入信号计数(后沿有效)	$E=0$,计数器封锁
16	V_{DD}	电源正极	5V

以重复使用,所以非常适合电子电路的组装、调试和训练。

1. 常用面包板的结构

图 13-7 所示为组合四块面包板构成的实验平台,也可以根据实际情况选择一块面包板和若干连接导线进行实验,如图 13-8 所示。

图 13-7　实验面包板的外观

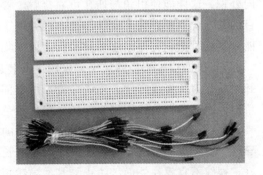

图 13-8　面包板与连接导线

SYB-130 型面包板的结构如图 13-9 所示。

插座板中央有一凹槽,凹槽两边各由 65 列小孔,每一列的五个小孔在电气上相互连通。集成电路的引脚就分别插在凹槽两边的小孔上。插座上、下边各一排(即 X 和 Y 排)在电

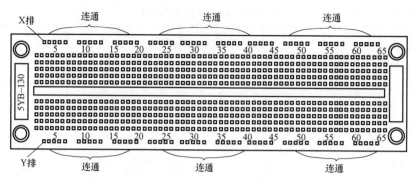

图 13-9　SYB-130 型面包板的结构

气上是分段相连的 55 个小孔，分别作为电源与地线插孔用。对于 SYB-130 型插座板，X 排和 Y 排的 1～15 孔、16～35 孔、36～50 孔在电气上是连通的。

有些类型的面包板，上下各有两排横向连接孔，其连通形式也略有不同，使用中应参看说明，并根据所在的行列数码和文字标注，以便查对。

2. 常用布线工具

布线用的工具主要有剥线钳、偏口钳、扁嘴钳和镊子。偏口钳与扁嘴钳配合用来剪断导线和元器件的多余引脚。钳子刃面要锋利，将钳口合上，对着光检查时应合缝不漏光。

剥线钳用来剥离导线绝缘皮。

扁嘴钳用来弯直和理直导线，钳口要略带弧形，以免在勾绕时划伤导线。

镊子用来夹住导线或元器件的引脚送入面包板指定位置。

3. 面包板的使用方法和注意事项

1）安装分立元器件时，应便于看到其极性和标志，将元器件引脚理直后，在需要的地方折弯。为了防止裸露的引线短路，必须使用带套管的导线，一般不剪断元器件引脚，以便于重复使用。一般不要插入引脚直径大于 0.8mm 的元器件，以免破坏插座内部接触片的弹性。

2）对多次使用过的集成电路的引脚，必须修理整齐，引脚不能弯曲，所有的引脚应稍向外偏，这样能使引角与插孔可靠接触。要根据电路图确定元器件在面包板上的排列方式，目的是走线方便。为了能够正确布线并便于查线，所有集成电路的插入方向要保持一致，不能为了临时走线方便或缩短导线长度而把集成电路倒插。

3）根据信号流程的顺序，采用边安装边调试的方法。元器件安装之后，先连接电源线和地线。为了查线方便，连线尽量采用不同颜色。例如：正电源一般采用红色绝缘皮导线，负电源用蓝色，地线用黑线，信号线用黄色，也可根据条件选用其他颜色。

4）面包板宜使用直径为 0.6mm 左右的单股导线。根据导线的距离以及插孔的长度剪断导线，要求线头剪成 45°斜口，线头剥离长度约为 6mm，要求全部插入底板以保证接触良好。裸线不宜露在外面，防止与其他导线短路。

5）连线要求紧贴在面包板上，以免碰撞弹出面包板，造成接触不良。必须使连线在集成电路周围通过，不允许跨接在集成电路上，也不得使导线互相重叠在一起，尽量做到横平竖直，这样有利于查线、更换元器件及连线。

6）最好在各电源的输入端和地之间并联一个容量为几十微法的电容，这样可以减少瞬变过程中电流的影响。为了更好地抑制电源中的高频分量，应该在该电容两端再并联一个高频去耦电容，一般取 0.01 ~ 0.047μF 的独石电容。

7）在步线过程中，要求把各元器件在面包板上的相应位置以及所用的引脚号标在电路图上，以保证调试和查找故障的顺利进行。

8）所有的地线必须连接在一起，形成一个公共参考点。

（四）原理图

秒计时器的原理框图如图 13-10 所示。

标准时间源：由 NE555 时基电路组成，产生 1Hz 秒脉冲。

计数、译码、显示电路：由 CL102 集成芯片完成"秒"的个位十进位制计数、译码及七段数字显示。

秒计时器的电路连接如图 13-11 所示，其中电源选择为 5V 直流电源或 6V 电池盒。

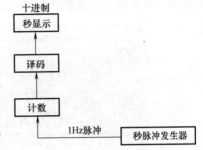

图 13-10　秒计时器的原理框图

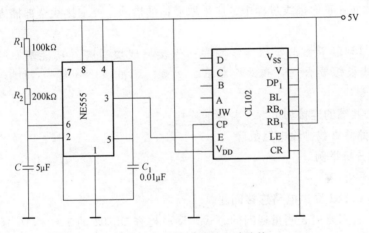

图 13-11　秒计时器的电路连接

三、任务分解实施

（一）连接、调试电路

[规范操作指导]

1）按照图 13-11 自行设计布线。首先将集成块安放好，如图 13-12 所示。

图 13-12　确定集成块位置

将集成块跨接在中央凹槽的两侧，同时摆正集成块，NE555 缺口向左，CL102 的 "DP" 在下方，由此确定左下为各集成块 1 号引脚。

2）确定面包板最上一排连接电源正极，最下一排连接地线。面包板的背面如图 13-13 所示。可见上下两排并非全部连通，参考图 13-9 以及电路设计集成块位置，可将相应的位置连通，确保电源和地线连接准确。

图 13-13 面包板的背面

由图 13-13 可以看出，面包板背面连接依靠金属板，该金属板在接触不紧密时，容易出现松动现象。故而在正面接线过程中，应采取谨慎的措施，要求接线全部插入底板以确保接触良好。

3）按照图 13-11 接线。掌握接线顺序：先接集成块引脚（功能端），再接电源，最后接信号。接线长短要合适，布线要整齐、美观。不准有 "飞线"，即不能跨过集成块连线。

注意接地公共端的连接和电源公共端的连接。

4）调试电路并查找排除电路故障。

（二）故障分析举例

1）CL102 不亮。

故障分析：CL102 周边电路连接问题。

检查方法：利用万用表测量通断的方式，逐一检查 CL102 的 3 号和 16 号引脚是否准确连接到电源正极；检查 1、2、4、5、6、7、8、14 号引脚是否准确连接到地。

2）CL102 亮而且 "DP" 亮。

故障分析：CL102 接地电路连接问题。

检查方法：利用万用表测量通断的方式，逐一检查 CL102 的 1、2、4、5、6、7、8、14 号引脚是否准确连接到地。

3）CL102 亮但没有循环数码显示。

故障分析：NE555 周边电路连接问题。

检查方法：利用万用表测量通断的方式，逐一检查 NE555 各个引脚是否准确连接；检查两个电容是否正确连接，特别是 5μF 电容正负极是否正确；检查两个电阻是否连接正确。

4）若每重新通电一次，CL102 的数码变化一次。

故障分析：NE555 发送的脉冲没有送给 CL102。

检查方法：此时重点检查 NE555 的 3 号引脚到 CL102 的 15 号引脚的连线。

以上所述为实验中容易出现的典型故障，本实验的重点在于排除故障，在过程中，要耐心细致、逐点逐线地检查。完成后，CL102 数码管应循环点亮，如图 13-14 所示。

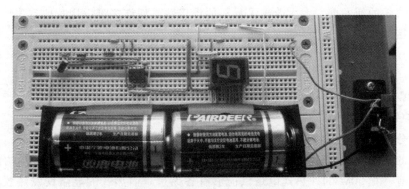

图 13-14　电子计时器完成图

焊接工艺的发展

　　焊接技术是随着铜铁等金属的冶炼生产、各种热源的应用而出现的。古代的焊接方法主要是铸焊、钎焊、锻焊、铆焊。中国商朝制造的铁刃铜钺，就是铁与铜的铸焊件，其表面铜与铁的熔合线蜿蜒曲折，接合良好。

　　春秋战国时期曾侯乙墓中的建鼓铜座上有许多盘龙，是分段钎焊连接而成的。经分析，其所用的材料与现代软钎料成分相近。战国时期制造的刀剑，刀刃为钢，刀背为熟铁，一般是经过加热锻焊而成的。据明朝宋应星所著《天工开物》一书记载：中国古代将铜和铁一起入炉加热，经锻打制造刀、斧；用黄泥或筛细的陈久壁土撒在接口上，分段煅焊大型船锚。中世纪，在叙利亚大马士革也曾用锻焊制造兵器。

　　古代焊接技术长期停留在铸焊、锻焊、钎焊和铆焊的水平上，使用的热源都是炉火，温度低、能量不集中，无法用于大截面、长焊缝工件的焊接，只能用以制作装饰品、简单的工具、生活器具和武器。19世纪初，英国的戴维斯发现电弧和氧乙炔焰两种能局部熔化金属的高温热源；1885~1887年，俄国的别纳尔多斯发明碳极电弧焊钳；1900年又出现了铝热焊。

　　20世纪初，碳极电弧焊和气焊得到应用，同时还出现了薄药皮焊条电弧焊，电弧比较稳定，焊接熔池受到熔渣保护，焊接质量得到提高，使手工电弧焊进入实用阶段，电弧焊从20年代起成为一种重要的焊接方法，也成为现代焊接工艺的发展开端。在此期间，美国的诺布尔利用电弧电压控制焊条送给速度，制成自动电弧焊机，从而成为焊接机械化、自动化的开端。1930年，美国的罗宾诺夫发明使用焊丝和焊剂的埋弧焊，焊接机械化得到进一步发展。到20世纪40年代，为适应铝、镁合金和合金钢焊接的需要，钨极和熔化极惰性气体保护焊相继问世。

　　1951年，前苏联的巴顿电焊研究所创造电渣焊，成为大厚度工件的高效焊接法。1953年，前苏联的柳巴夫斯基等人发明二氧化碳气体保护焊，促进了气体保护电弧焊的应用和发展，如出现了混合气体保护焊、药芯焊丝气渣联合保护焊和自保护电弧焊等。1957年，美国的盖奇发明等离子弧焊；20世纪40年代德国和法国发明的电子束焊，也在50年代得到实用和进一步发展；60年代又出现激光焊等离子、电子束和激光焊接方法的出现，标志着

项目十三　设计电子计时器

高能量密度熔焊的新发展，大大改善了材料的焊接性，使许多难以用其他方法焊接的材料和结构得以焊接。

电路焊接技术

（一） 焊接工具

1. 电烙铁

电烙铁分为外热式和内热式两种，外热式的一般功率都较大。

内热式的电烙铁体积较小，而且价格便宜，一般电子制作都用 20～30W 的内热式电烙铁。当然，有一把 50W 的外热式电烙铁能够有备无患。内热式的电烙铁发热效率较高，而且更换烙铁头也较方便。图 13-15 是一把内热式 20W 电烙铁。

2. 焊锡

电烙铁是用来焊锡的，为方便使用，通常做成焊锡丝，如图 13-16 所示。焊锡丝内一般都含有助焊的松香。焊锡丝使用约 60% 的锡和 40% 的铅合成，熔点较低。

图 13-15　内热式 20W 电烙铁

图 13-16　焊锡丝

3. 松香

以富含松脂的松树为原料，通过不同的加工方式得到的非挥发性的天然树脂称为松香。松香是一种浅黄色到红棕色、透明、具有热塑性的玻璃体物质。松香是一种具有多种成分的混合物，其成分因松树种类不同而略有差异，主要由树脂酸组成，另有少量脂肪酸和中性物质。松香是重要的化工原料，广泛应用于各工业部门。

松香（见图 13-17）作为一种助焊剂，可以帮助焊接。松香可以直接用，也可以配置成松香溶液，就是把松香碾碎，放入小瓶中，再加入酒精搅匀。注意，酒精易挥发，用完后记得把瓶盖拧紧。瓶里可以放一小块棉花，用时就用镊子夹出来涂在印制板上或元器件上。另外，还有一种焊锡膏（又称焊油），它带有腐蚀性，是用在工业上的，不适合电子制作时使

图 13-17　松香

用。还有一种松香水，它并不是前面所说的松香溶液。电烙铁是捏在手里的，使用时千万注意安全。新买的电烙铁先要用万用表电阻档检查一下插头与金属外壳之间的电阻值，万用表指针应该不动，否则应该彻底检查。

新的电烙铁在使用前用锉刀锉一下烙铁的尖头，接通电源后等一会儿烙铁头的颜色会变，证明烙铁发热了，然后用焊锡丝放在烙铁尖头上镀上锡，使烙铁不易被氧化。在使用中，应使烙铁头保持清洁，并保证烙铁的尖头上始终有焊锡。

4. 其他工具

为了方便焊接操作，常采用尖嘴钳、偏口钳、镊子和小刀（见图 13-18 中由左至右）等作为辅助工具。应学会正确使用这些工具。

（二）焊接方法

手工焊接握电烙铁的方法有正握、反握及握笔式三种。焊接元器件及维修电路板时以握笔式较为方便。

手工焊接一般分四个步骤进行。

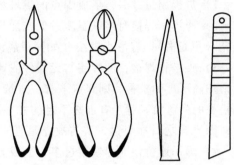

图 13-18　其他工具

1. 准备焊接

清洁被焊元器件处的积尘及油污，再将被焊元器件周围的元器件左右掰一掰，让电烙铁头可以触到被焊元器件的焊锡处，以免烙铁头伸向焊接处时烫坏其他元器件。焊接新的元器件时，应对元器件的引线镀锡。

2. 加热焊接

将沾有少许焊锡和松香的电烙铁头接触被焊元器件约几秒，如图 13-19 所示。若是要拆下印制板上的元器件，则待烙铁头加热后，用手或镊子轻轻拉动元器件，看是否可以取下。

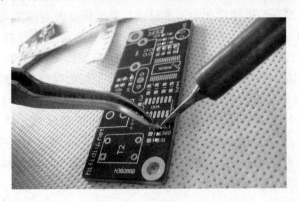

图 13-19　加热焊接

3. 清理焊接面

若所焊部位焊锡过多，可将烙铁头上的焊锡甩掉(注意，不要烫伤皮肤，也不要甩到印制板上)，用光烙锡头"沾"些焊锡出来。若焊点焊锡过少、不圆滑，可以用电烙铁头"蘸"些焊锡对焊点进行补焊。

4. 检查焊点

看焊点是否圆润、光亮、牢固，是否有与周围元器件连焊的现象。

手工焊接对焊点的要求有三点：

1）电连接性能良好。

2）有一定的机械强度。

3）光滑圆润。

（三）焊接质量不高的原因

电路板和元器件的焊接是一个需要逐渐熟练的过程，除了在焊接过程中严谨细致以外，还需要不断地去锻炼自己的动手能力。在初始阶段，焊接的质量不高，需要耐心地寻找原因，并在以后的焊接中加以改进。焊接质量不高的原因主要有以下几点：

1）焊锡用量过多，形成焊点的锡堆积；焊锡过少，不足以包裹焊点。

2）冷焊。焊接时烙铁温度过低或加热时间不足，焊锡未完全熔化、浸润，焊锡表面不光亮（不光滑）、有细小裂纹（如同豆腐渣一样）。

3）夹松香焊接，即焊锡与元器件或印制板之间夹杂着一层松香，造成电连接不良。若夹杂加热不足的松香，则焊点下有一层黄褐色松香膜；若加热温度太高，则焊点下有一层碳化松香的黑色膜。对于有加热不足的松香膜的情况，可以用烙铁进行补焊。对于已形成黑膜的，则要"吃"净焊锡，清洁被焊元器件或印制板表面，重新进行焊接才行。

4）焊锡连桥，即焊锡量过多，造成元器件的焊点之间短路。这在对超小元器件及细小印制板进行焊接时要尤为注意。

5）焊剂过量，即焊点明围松香残渣很多。当少量松香残留时，可以用电烙铁再轻轻加热一下，让松香挥发掉；也可以用蘸有无水酒精的棉球，擦去多余的松香或焊剂。

6）焊点表面的焊锡形成尖锐的突尖。这多是由于加热温度不足或焊剂过少，以及烙铁离开焊点时角度不当造成的。

（四）易损元器件的焊接

易损元器件是指在安装焊接过程中，受热或接触电烙铁时容易造成损坏的元器件，例如有机铸塑元器件、MOS 集成电路等。易损元器件在焊接前要认真作好表面清洁、镀锡等准备工作，焊接时切忌长时间反复烫焊，烙铁头及烙铁温度要选择适当，确保一次焊接成功。此外，要少用焊剂，防止焊剂侵入元器件的电接触点（例如继电器的触点）。

焊接 MOS 集成电路最好使用储能式电烙铁，以防止由于电烙铁的微弱漏电而损坏集成电路。由于集成电路引线间距很小，要选择合适的烙铁头及温度，防止引线间连锡。焊接集成电路最好先焊接地端、输出端、电源端，再焊输入端。对于那些对温度特别敏感的元器件，可以用镊子夹上蘸有无水酒精的棉球保护元器件根部，使热量尽量少传到元器件上。

四、焊接电路

1）实验用焊接电路板如图 13-20 所示。

2）按照项目十三所述，将设计好的电路焊接在实验电路板上。

3）注意事项：

① 先设计好电路，再开始焊接。

② 焊接前，要进行一定量的元器件焊接实训。

③ 不同型号的电路板，其插孔的连接状况不同，设计电路时注意背板的连接方式。

图 13-20　实验用焊接电路板

④ 集成块的焊接要特别小心。

⑤ 采用芯片座焊接时，其内部可以适当隐藏元器件，如图 13-21 所示。

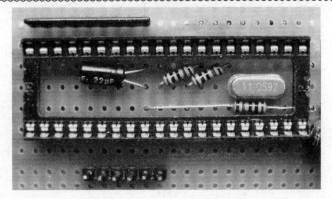

图 13-21　芯片座内隐藏元器件

 总结

一、分析与思考

实训中如何用万用表检查电路？

答：

二、收获与体会

答：

参 考 文 献

[1]　杨屏. 实用汽车电工电子技术 [M]. 北京：机械工业出版社，2008.

[2]　周友兵. 电子测量仪器应用 [M]. 北京：机械工业出版社，2011.

[3]　DS1000E 用户手册. 北京：北京普源精电科技有限公司，2009.

[4]　徐在新，宓子宏. 从法拉第到麦克斯韦 [M]. 北京：科学出版社，1986.